国家中职示范校建设成果系列实训教材

建设类专业毕业实习手册

王雁荣　主编
廖春洪　主审

中国建筑工业出版社

图书在版编目（CIP）数据

建设类专业毕业实习手册/王雁荣主编. —北京：中国
建筑工业出版社，2014.11（2024.11重印）
国家中职示范校建设成果系列实训教材
ISBN 978-7-112-17042-5

Ⅰ.①建…　Ⅱ.①王…　Ⅲ.①建筑学-实习-中等专业
学校—教学参考资料　Ⅳ.①TU-45

中国版本图书馆 CIP 数据核字（2014）第 303437 号

本书根据教育部印发的《中等职业学校专业目录（2010 年修订）》和 2014 年
公布的土木水利类《中等职业学校专业教学标准（试行）》的相关要求，结合《建
筑与市政工程施工现场专业人员职业标准》JGJT 250—2011 等规定的国家职业标
准编写，突出了对毕业实习过程的考核和管理。
　　本书可供建设类专业中职学生毕业实习使用。

* * *

责任编辑：聂　伟　陈　桦
责任设计：李志立
责任校对：李欣慰　刘　钰

云南建设学校国家中职示范校建设成果
国家中职示范校建设成果系列实训教材
建设类专业毕业实习手册
王雁荣　主编
廖春洪　主审

*

中国建筑工业出版社出版、发行（北京海淀三里河路 9 号）
各地新华书店、建筑书店经销
北京红光制版公司制版
建工社（河北）印刷有限公司印刷

*

开本：787×1092 毫米　1/16　印张：10¾　字数：248 千字
2014 年 12 月第一版　　2024 年 11 月第九次印刷
定价：**28.00** 元
ISBN 978-7-112-17042-5
（25852）

国家中职示范校建设成果系列实训教材

编 审 委 员 会

主　任：廖春洪　王雁荣

副主任：王和生　何嘉熙　黄　洁

编委会：（按姓氏笔画排序）

王　谊　　王和生　　王雁荣　　卢光武　　田云彪

刘平平　　刘海春　　李　敬　　李文峰　　李春年

杨东华　　吴成家　　何嘉熙　　张新义　　陈　超

林　云　　金　煜　　赵双社　　赵桂兰　　胡　毅

胡志光　　聂　伟　　唐　琦　　黄　洁　　蒋　欣

管绍波　　廖春洪　　黎　程

序 言

提升中等职业教育人才培养质量，需要大力推动专业设置与产业需求、课程内容与职业标准、教学过程与生产过程"三对接"，积极推进学历证书和职业资格证书"双证书"制度，做到学以致用。

实现教学过程与生产过程的对接，全面提高学生素质、培养学生创新能力和实践能力，需要构造体现以教师为主导、以学生为主体、以实践为主线的中等职业教育现代教学方法体系。这就要求中等职业教育要从培养目标出发，运用理实一体化、目标教学法、行为导向法等教学方法，培养应用型、技能型人才。

但我国职业教育改革进程刚刚起步，以中等职业教育现代教学方法体系编写的教材较少，特别是体现理实一体化教学特点的实训教材非常缺乏，不能满足中等职业学校课程体系改革的要求。为了推动中等职业学校建筑类专业教学改革，作为国家中等职业教育改革发展示范学校的云南建设学校组织编写了《国家中职示范校建设成果系列实训教材》。

本套教材借鉴了国内外职业教育改革经验，注重学生实践动手能力的培养，涵盖了建筑类专业的主要专业核心课程和专业方向课程。本套教材按照住房和城乡建设部中等职业教育专业指导委员会最新专业教学标准和现行国家规范，以项目教学法为主要教学思路编写，并配有大量工程实例及分析，可作为全国中等职业教育建筑类专业教学改革的借鉴和参考。

由于时间仓促，水平和能力有限，本套教材还存在许多不足之处，恳请广大读者批评指正。

《国家中职示范校建设成果系列实训教材》编审委员会

2014 年 5 月

前　言

本书是中等职业教育建设类专业学生毕业实习的实用手册。本书的编写旨在规范和强化中等职业学校建设类专业毕业实习管理，做好学生毕业实习工作，提高教育教学质量，增强学生实践能力和就业能力。

本书共 7 部分，内容包括：实习管理、实习指导、实习安排、实习小助手、实习过程、实习总结、毕业实习鉴定表等。

本书由云南建设学校王雁荣主编，王和生、何嘉熙、黄洁、徐永迫等参与了编写工作，全书由云南建设学校廖春洪主审。

由于编者水平有限，加之时间仓促，本书在编写过程中难免存在疏漏和不妥之处，恳请读者批评指正。

目　录

1 实 习 管 理

1.1 职业学校学生实习管理规定

教育部等五部门关于印发
《职业学校学生实习管理规定》的通知

教职成〔2016〕3 号

各省、自治区、直辖市教育厅（教委）、财政厅（局）、人力资源社会保障厅（局）、安全生产监督管理局、保监局，各计划单列市教育局、财政局、人力资源社会保障局、安全生产监督管理局、保监局，新疆生产建设兵团教育局、财务局、人力资源社会保障局、安全生产监督管理局：

为贯彻落实全国职业教育工作会议精神，规范职业学校学生实习工作，维护学生、学校和实习单位的合法权益，提高技术技能人才培养质量，教育部、财政部、人力资源社会保障部、国家安全监管总局、中国保监会研究制定了《职业学校学生实习管理规定》，现印发给你们，请遵照执行。

教育部　财政部

人力资源社会保障部　安全监管总局

中国保监会

2016 年 4 月 11 日

职业学校学生实习管理规定

第一章　总　则

第一条　为规范和加强职业学校学生实习工作，维护学生、学校和实习单位的合法权益，提高技术技能人才培养质量，增强学生社会责任感、创新精神和实践能力，更好服务产业转型升级需要，依据《中华人民共和国教育法》《中华人民共和国职业教育法》《中华人民共和国劳动法》《中华人民共和国安全生产法》《中华人民共和国未成年人保护法》《中华人民共和国职业病防治法》及相关法律法规、规章，制定本规定。

第二条　本规定所指职业学校学生实习，是指实施全日制学历教育的中等职业学校和高等职业学校学生（以下简称职业学校）按照专业培养目标要求和人才培养方案安排，由职业学校安排或者经职业学校批准自行到企（事）业等单位（以下简称实习单位）进行专业技能培养的实践性教育教学活动，包括认识实习、跟岗实习和顶岗实习等形式。

认识实习是指学生由职业学校组织到实习单位参观、观摩和体验，形成对实习单位和相关岗位的初步认识的活动。

跟岗实习是指不具有独立操作能力、不能完全适应实习岗位要求的学生，由职业学校组织到实习单位的相应岗位，在专业人员指导下部分参与实际辅助工作的活动。

顶岗实习是指初步具备实践岗位独立工作能力的学生，到相应实习岗位，相对独立参与实际工作的活动。

第三条 职业学校学生实习是实现职业教育培养目标，增强学生综合能力的基本环节，是教育教学的核心部分，应当科学组织、依法实施，遵循学生成长规律和职业能力形成规律，保护学生合法权益；应当坚持理论与实践相结合，强化校企协同育人，将职业精神养成教育贯穿学生实习全过程，促进职业技能与职业精神高度融合，服务学生全面发展，提高技术技能人才培养质量和就业创业能力。

第四条 地方各级人民政府相关部门应高度重视职业学校学生实习工作，切实承担责任，结合本地实际制定具体措施鼓励企（事）业等单位接收职业学校学生实习。

第二章 实 习 组 织

第五条 教育行政部门负责统筹指导职业学校学生实习工作；职业学校主管部门负责职业学校实习的监督管理。职业学校应将学生跟岗实习、顶岗实习情况报主管部门备案。

第六条 职业学校应当选择合法经营、管理规范、实习设备完备、符合安全生产法律法规要求的实习单位安排学生实习。在确定实习单位前，职业学校应进行实地考察评估并形成书面报告，考察内容应包括：单位资质、诚信状况、管理水平、实习岗位性质和内容、工作时间、工作环境、生活环境以及健康保障、安全防护等方面。

第七条 职业学校应当会同实习单位共同组织实施学生实习。

实习开始前，职业学校应当根据专业人才培养方案，与实习单位共同制订实习计划，明确实习目标、实习任务、必要的实习准备、考核标准等；并开展培训，使学生了解各实习阶段的学习目标、任务和考核标准。

职业学校和实习单位应当分别选派经验丰富、业务素质好、责任心强、安全防范意识高的实习指导教师和专门人员全程指导、共同管理学生实习。

实习岗位应符合专业培养目标要求，与学生所学专业对口或相近。

第八条 学生经本人申请，职业学校同意，可以自行选择顶岗实习单位。对自行选择顶岗实习单位的学生，实习单位应安排专门人员指导学生实习，学生所在职业学校要安排实习指导教师跟踪了解实习情况。

认识实习、跟岗实习由职业学校安排，学生不得自行选择。

第九条 实习单位应当合理确定顶岗实习学生占在岗人数的比例，顶岗实习学生的人数不超过实习单位在岗职工总数的 10%，在具体岗位顶岗实习的学生人数不高于同类岗位在岗职工总人数的 20%。

任何单位或部门不得干预职业学校正常安排和实施实习计划，不得强制职业学校安排学生到指定单位实习。

第十条　学生在实习单位的实习时间根据专业人才培养方案确定，顶岗实习一般为 6 个月。支持鼓励职业学校和实习单位合作探索工学交替、多学期、分段式等多种形式的实践性教学改革。

第三章　实　习　管　理

第十一条　职业学校应当会同实习单位制定学生实习工作具体管理办法和安全管理规定、实习学生安全及突发事件应急预案等制度性文件。

职业学校应对实习工作和学生实习过程进行监管。鼓励有条件的职业学校充分运用现代信息技术，构建实习信息化管理平台，与实习单位共同加强实习过程管理。

第十二条　学生参加跟岗实习、顶岗实习前，职业学校、实习单位、学生三方应签订实习协议。协议文本由当事方各执一份。

未按规定签订实习协议的，不得安排学生实习。

认识实习按照一般校外活动有关规定进行管理。

第十三条　实习协议应明确各方的责任、权利和义务，协议约定的内容不得违反相关法律法规。

实习协议应包括但不限于以下内容：

（一）各方基本信息；

（二）实习的时间、地点、内容、要求与条件保障；

（三）实习期间的食宿和休假安排；

（四）实习期间劳动保护和劳动安全、卫生、职业病危害防护条件；

（五）责任保险与伤亡事故处理办法，对不属于保险赔付范围或者超出保险赔付额度部分的约定责任；

（六）实习考核方式；

（七）违约责任；

（八）其他事项。

顶岗实习的实习协议内容还应当包括实习报酬及支付方式。

第十四条　未满 18 周岁的学生参加跟岗实习、顶岗实习，应取得学生监护人签字的知情同意书。

学生自行选择实习单位的顶岗实习，学生应在实习前将实习协议提交所在职业学校，未满 18 周岁学生还需要提交监护人签字的知情同意书。

第十五条　职业学校和实习单位要依法保障实习学生的基本权利，并不得有下列情形：

（一）安排、接收一年级在校学生顶岗实习；

（二）安排未满 16 周岁的学生跟岗实习、顶岗实习；

（三）安排未成年学生从事《未成年工特殊保护规定》中禁忌从事的劳动；

（四）安排实习的女学生从事《女职工劳动保护特别规定》中禁忌从事的劳动；

（五）安排学生到酒吧、夜总会、歌厅、洗浴中心等营业性娱乐场所实习；

（六）通过中介机构或有偿代理组织、安排和管理学生实习工作。

第十六条　除相关专业和实习岗位有特殊要求，并报上级主管部门备案的实习安排外，学生跟岗和顶岗实习期间，实习单位应遵守国家关于工作时间和休息休假的规定，并不得有以下情形：

（一）安排学生从事高空、井下、放射性、有毒、易燃易爆，以及其他具有较高安全风险的实习；

（二）安排学生在法定节假日实习；

（三）安排学生加班和夜班。

第十七条　接收学生顶岗实习的实习单位，应参考本单位相同岗位的报酬标准和顶岗实习学生的工作量、工作强度、工作时间等因素，合理确定顶岗实习报酬，原则上不低于本单位相同岗位试用期工资标准的80%，并按照实习协议约定，以货币形式及时、足额支付给学生。

第十八条　实习单位因接收学生实习所实际发生的与取得收入有关的、合理的支出，按现行税收法律规定在计算应纳税所得额时扣除。

第十九条　职业学校和实习单位不得向学生收取实习押金、顶岗实习报酬提成、管理费或者其他形式的实习费用，不得扣押学生的居民身份证，不得要求学生提供担保或者以其他名义收取学生财物。

第二十条　实习学生应遵守职业学校的实习要求和实习单位的规章制度、实习纪律及实习协议，爱护实习单位设施设备，完成规定的实习任务，撰写实习日志，并在实习结束时提交实习报告。

第二十一条　职业学校要和实习单位相配合，建立学生实习信息通报制度，在学生实习全过程中，加强安全生产、职业道德、职业精神等方面的教育。

第二十二条　职业学校安排的实习指导教师和实习单位指定的专人应负责学生实习期间的业务指导和日常巡视工作，定期检查并向职业学校和实习单位报告学生实习情况，及时处理实习中出现的有关问题，并做好记录。

第二十三条　职业学校组织学生到外地实习，应当安排学生统一住宿；具备条件的实习单位应为实习学生提供统一住宿。职业学校和实习单位要建立实习学生住宿制度和请销假制度。学生申请在统一安排的宿舍以外住宿的，须经学生监护人签字同意，由职业学校备案后方可办理。

第二十四条　鼓励职业学校依法组织学生赴国（境）外实习。安排学生赴国（境）外实习的，应当根据需要通过国家驻外有关机构了解实习环境、实习单位和实习内容等情况，必要时可派人实地考察。要选派指导教师全程参与，做好实习期间的管理和相关服务工作。

第二十五条　鼓励各地职业学校主管部门建立学生实习综合服务平台，协调相关职能部门、行业企业、有关社会组织，为学生实习提供信息服务。

第二十六条　对违反本规定组织学生实习的职业学校，由职业学校主管部门责令改正。拒不改正的，对直接负责的主管人员和其他直接责任人依照有关规定给予处分。因工作失误造成重大事故的，应依法依规对相关责任人追究责任。

对违反本规定中相关条款和违反实习协议的实习单位，职业学校可根据情况调整实习安排，并根据实习协议要求实习单位承担相关责任。

第二十七条　对违反本规定安排、介绍或者接收未满 16 周岁学生跟岗实习、顶岗实习的，由人力资源社会保障行政部门依照《禁止使用童工规定》进行查处；构成犯罪的，依法追究刑事责任。

第四章　实　习　考　核

第二十八条　职业学校要建立以育人为目标的实习考核评价制度，学生跟岗实习和顶岗实习，职业学校要会同实习单位根据学生实习岗位职责要求制订具体考核方式和标准，实施考核工作。

第二十九条　跟岗实习和顶岗实习的考核结果应当记入实习学生学业成绩，考核结果分优秀、良好、合格和不合格四个等次，考核合格以上等次的学生获得学分，并纳入学籍档案。实习考核不合格者，不予毕业。

第三十条　职业学校应当会同实习单位对违反规章制度、实习纪律以及实习协议的学生，进行批评教育。学生违规情节严重的，经双方研究后，由职业学校给予纪律处分；给实习单位造成财产损失的，应当依法予以赔偿。

第三十一条　职业学校应组织做好学生实习情况的立卷归档工作。实习材料包括：（1）实习协议；（2）实习计划；（3）学生实习报告；（4）学生实习考核结果；（5）实习日志；（6）实习检查记录等；（7）实习总结。

第五章　安　全　职　责

第三十二条　职业学校和实习单位要确立安全第一的原则，严格执行国家及地方安全生产和职业卫生有关规定。职业学校主管部门应会同相关部门加强实习安全监督检查。

第三十三条　实习单位应当健全本单位生产安全责任制，执行相关安全生产标准，健全安全生产规章制度和操作规程，制定生产安全事故应急救援预案，配备必要的安全保障器材和劳动防护用品，加强对实习学生的安全生产教育培训和管理，保障学生实习期间的人身安全和健康。

第三十四条　实习单位应当会同职业学校对实习学生进行安全防护知识、岗位操作规程教育和培训并进行考核。未经教育培训和未通过考核的学生不得参加实习。

第三十五条　推动建立学生实习强制保险制度。职业学校和实习单位应根据国家有关规定，为实习学生投保实习责任保险。责任保险范围应覆盖实习活动的全过程，包括学生实习期间遭受意外事故及由于被保险人疏忽或过失导致的学生人身伤亡，被保险人依法应承担的责任，以及相关法律费用等。

学生实习责任保险的经费可从职业学校学费中列支；免除学费的可从免学费补助资金中列支，不得向学生另行收取或从学生实习报酬中抵扣。职业学校与实习单位达成协议由实习单位支付投保经费的，实习单位支付的学生实习责任保险费可从实习单位成本（费用）中列支。

第三十六条　学生在实习期间受到人身伤害，属于实习责任保险赔付范围的，由承保保险公司按保险合同赔付标准进行赔付。不属于保险赔付范围或者超出保险赔付额度的部分，由实习单位、职业学校及学生按照实习协议约定承担责任。职业学校和实习单位应当妥善做好救治和善后工作。

第六章 附　则

第三十七条　各省、自治区、直辖市教育行政部门应会同人力资源社会保障等相关部门依据本规定，结合本地区实际制定实施细则或相应的管理制度。

第三十八条　非全日制职业教育、高中后中等职业教育学生实习参照本规定执行。

第三十九条　本规定自发布之日起施行，《中等职业学校学生实习管理办法》（教职成〔2007〕4 号）同时废止。

1.2　关于加强建设类专业学生企业实习工作的指导意见

（建人〔2012〕9 号）

各省、自治区住房和城乡建设厅、教育厅，直辖市建委（建交委）及有关部门、教委，新疆生产建设兵团建设局、教育局，部机关各有关单位，各有关企业、高等学校、职业学校，各有关社会团体：

普通高等学校、中等职业学校（以下简称学校）建设类专业学生是住房城乡建设事业发展的新生力量，是宝贵的人才资源。做好建设类专业学生企业实习工作，对于提高教育教学质量，增强学生实践能力和就业能力至关重要。近几年，各地学校与住房城乡建设领域企事业单位密切合作，完善学生实践性教学环节建设，努力探索应用型、技能型人才培养模式，取得了显著成效。贯彻落实科学发展观，加快转变住房城乡建设发展方式，创新管理模式，迫切需要推进科技进步，提高劳动者素质。各地住房城乡建设行政部门、教育行政部门、普通高等学校、中等职业学校和企事业单位，要把建设类专业人才实践能力培养摆上重要位置，进一步加大工作力度，积极推进学生到企业实习，完善相关政策措施，建立长效机制，使培养的人才更加适合行业的用人需求。为做好建设类专业学生企业实习工作，现提出以下意见。

一、加强学校对学生实习工作的组织管理

（一）企业实习是建设类专业教育的重要环节，对于树立学生的工程意识，促进理论知识转化为工程实践能力，提高学生就业本领极为重要。企业实习一般包括认识实习、课程实习、生产实习、毕业实习（顶岗实习）等多种形式。学校要根据建设类专业培养目标和专业规范的要求，在不同教学阶段统筹安排学生实验、实训、实习等实践教学环节，合理确定企业实习的内容、时间、形式、学分和评价方式等，做到理论教学与实践教学并重。

（二）学校是学生企业实习的组织者，要统一组织学生有序进入企业参加实习活动。实习单位一般应选择规模较大、管理规范、技术先进，有较高社会信誉，具有较高资质等级的建筑施工、工程勘察设计、工程监理、工程造价咨询等工程建设类企业及市政公用企业、房地产业企业（以下简称实习企业）。学校应与实习企业签订实习协议，明确校企双方的职责任务。对顶岗实习，学校、企业和学生本人还应签订三方协议，规范各方权利和义务。鼓励学校与实习企业签订长期校企合作协议，使校企合作人才培养制度化、常态化。

（三）学校与实习企业要按照实习培养目标和实践教学内容要求，共同研究制定学生企业实习计划，并认真落实。校企双方要对进入实习企业的学生进行职业道德、遵章守纪、安全知识、保密、知识产权保护等方面的教育培训。学校应为实习学生购买人身意外伤害保险。学生在校学习期间应完成规定的校内实训课程，打好企业实习的基础。学校要保证学生实习期间的管理工作整体可控，积极参与并配合企业加强对实习学生的指导和管理，安排专门机构、专职人员负责与实习企业进行联系，协调解决实习中的问题，定期派出辅导老师了解学生企业实习情况和完成实习计划所规定的任务情况。对承担较多学生实习的企业，学校应向企业派驻辅导教师。学校应与实习企业共同制定学生实习考核评价标准，支持学生结合企业实际，以现实的工程技术项目或工程实践问题作为毕业设计题目或毕业论文选题。在高等职业学校推广学生在企业进行毕业答辩的做法。

（四）学校要积极拓展和深化与实习企业的合作，充分利用学校人才、教学、科研方面优势，为实习企业提供相关服务。鼓励、支持教师和科研人员参与企业技术创新和工程项目研发。根据实际需要，协助企业开展农民工培训、生产操作人员技能培训、专业技术人员继续教育、执业资格考前辅导等培训活动，为企业提高职工队伍素质服务。对实习企业的中高级专业技术管理骨干参加高层次学历教育入学考试，在同等条件下优先录取。

二、加强企业对实习学生的教育培养

（五）接收学生实习是企业应当履行的社会责任和义务。符合条件的企业都应积极承担学生实习任务，特别是普通高等学校、中等职业学校所属的建筑业、房地产业、勘察设计咨询业等企业每年必须承担本校相应学生的实习任务。实习企业要与学校共同制定学生实习方案，提供符合要求的实习岗位；不得安排学生从事简单的体力劳动或独自承担危险性较大的工作；在条件允许的情况下，应吸纳本科生、研究生参与工程项目设计、科研课题研发和企业技术创新。认真落实学生企业实习计划中的各项教学任务，加强工程技术知识的传授，保证实训实习场所与设备条件，提供学生实际动手操作的机会，组织安排实习学生轮岗，全面培养锻炼学生的职业能力。要引导学生学习企业先进文化，培养良好的职业道德。

（六）实习企业承担学生实习期间的各项管理工作。实习企业要坚持对学生进行三级安全生产教育，提高学生安全生产和自我保护意识。企业要为实习学生提供充分的安全防护和劳动保护用品，与学校共同安排好学生实习期间的生活，根据实际情况可为毕业实习（顶岗实习）的学生支付合理的实习报酬。企业应在实习管理机构、人员、经费上予以相应支持，选派具有丰富工程实践经验、技术技能水平高、责任心强的工程技术人员、管理人员和高技能人员担任实习指导教师，承担学生实践教学任务。具有高级专业技术职务的工程技术管理人员，可作为研究生的联合培养导师。

（七）实习企业应与学校联合开展学生实习成果的考核评价，做好平时实习情况的考核记录。鼓励研究生、本科生将实习企业的实际工程项目作为毕业论文、毕业设计题目，"真刀真枪"做毕业设计。认真落实职业教育"双证书"制度，鼓励、支持职业院校实习学生参加职业岗位培训、考核评价和职业技能鉴定，取得行业认可的职业资格证书或岗位培训合格证书。对在企业连续实习超过半年（一个学期）的研究生、本科生和职业院校学生，可由实习企业出具实习证明，载明学生实习的内容、时间和成绩，供用人单位参考。依据学校、企业和实习学生三方签订的协议，实习企业享有优先录用学生的权利。

三、充分发挥政府推进学生企业实习的作用

（八）各级住房城乡建设行政部门要提高对建设类专业学生企业实习工作的认识，把普通高等学校、中等职业学校建设类专业人才培养纳入本地区、本行业人才队伍建设规划。积极推进校企合作培养人才，为学校和企业搭建合作平台，切实解决当前学生在企业实习中遇到的困难和问题，统筹做好职前职后人才培养。要研究提出企业实习学生参加职业资格考试、岗位培训考核和职业技能鉴定的办法措施。高等职业学校学生在企业顶岗实习的时间根据不同专业规定可计入参加相关资格考核评价的职业实践年限。各建设类专业教学指导委员会要组织制定本专业学生企业实习标准等基本要求。

（九）实习企业的专业技术管理人员受聘担任实习学生指导教师的，或担任本科生、研究生联合培养导师的，指导学生投入的精力和时间应计入个人工作量。根据住房城乡建设领域各职业资格人员继续教育要求，其用于指导学生的时间可按有关规定折抵本年度继续教育选修学时。

（十）切实落实鼓励企业接收学生实习的支持政策。落实《国务院关于进一步做好普通高等学校毕业生就业工作的通知》（国发〔2011〕16号）要求，对高校毕业生在毕业年度内参加职业技能培训，根据其取得职业资格证书（未颁布国家职业技能标准的职业应取得专项职业能力证书或培训合格证书）或就业情况，按规定给予培训补贴。对高校毕业生在毕业年度内通过初次职业技能鉴定并取得职业资格证书或专项职业能力证书的，按规定给予一次性职业技能鉴定补贴。对企业新招收毕业年度高校毕业生，在6个月之内开展岗前培训的，按规定给予企业职业培训补贴。根据《财政部国家税务总局关于企业支付学生实习报酬有关所得税政策问题的通知》（财税〔2006〕107号）明确的政策，凡与中等职业学校和高等学校签订三年以上期限合作的企业，支付给学生实习期间的报酬，准予在计算缴纳企业所得税税前扣除。

（十一）加强建设类专业学生企业实习安全、保险等政策的研究。进入建筑施工现场实习的学生，纳入建筑施工企业人身意外伤害保险的受保范围。企业为实习学生提供的安全防护和劳动保护费用，列入施工项目安全生产措施费。按照《生产安全事故报告和调查处理条例》的规定，解决学生企业实习安全事故责任问题。

（十二）教育部联合住房和城乡建设部等有关部门对在接收建设类专业学生实习中表现突出的企业，可认定为"国家级工程实践教育中心"（具体办法另行制定）。省级教育行政部门、住房城乡建设行政部门等可择优认定接收建设类专业学生实习成绩突出的企业为"省级工程实践教育中心"。对国家级、省级工程实践教育中心实行年度报告、定期评价、动态管理。

（十三）获得国家级、省级工程实践教育中心称号的企业，将纳入住房城乡建设领域企业诚信信息系统，作为企业优良业绩之一向社会发布，接受社会监督。各级住房城乡建设行政部门、有关行业组织开展的评优、评奖、评级等评选活动，各级政府利用财政资金投资建设的房屋建筑与市政工程项目，可结合实际情况，对具有国家级、省级工程实践教育中心的企业，给予适当的政策倾斜和优先。

（十四）教育行政部门对获得国家级、省级工程实践教育中心的企业提升在职工程师学位层次方面给予支持。在职工程师参加硕士或博士研究生考试的，同等条件下优先录取。在职工程师参加在职攻读工程硕士（建筑与土木）、建筑学硕士、城市规划硕士、风景园林硕士和工程管理硕士专业学位研究生考试的，在相关政策上给予大力支持。获得国家级、省级工程实践教育中心的企业可委托具有工程博士专业学位研究生招生资格的"卓越工程师教育培养计划"高等学校培养相应的博士层次的工程技术人才，教育部对受委托高等学校为企业培养研究生层次工程人才，在研究生招生计划安排上给予支持。

（十五）积极营造全行业关心校企合作，支持学生实习的良好社会氛围。各地住房城乡建设行政部门要加强宏观指导，加大宣传力度，及时总结推广建设类专业学生企业实习方面的典型经验，对在履行企业社会责任、积极接纳学生实习中表现优秀的企业和企业家进行表彰。住房城乡建设领域的社团组织要发挥与行业企业联系紧密的优势，从推进行业可持续发展、提高从业人员整体素质的长远大计出发，倡导会员单位参与行业后备人才的培养，积极接收学生进入企业实习，为学生实习创造良好条件。

中华人民共和国住房和城乡建设部
中华人民共和国教育部
二〇一二年一月二十日

1.3　毕业实习管理细则

实习是职业教育人才培养工作的重要环节，是专业教学计划的重要组成部分，对于培养学生良好的职业道德、熟练的专业技能、较强的可持续发展能力等具有重要的意义。根据《中华人民共和国教育法》、《中华人民共和国劳动法》、《中华人民共和国职业教育法》和国家有关规定，结合学校实际，加强学生毕业实习和生产实习的组织管理，加强校企合作、工学结合，创新人才培养模式，确保实习的质量和效果，特制定本办法。

1.3.1　总则

第一条　本办法所称实习，主要是指学校按照专业培养目标要求和教学计划的安排，组织在校学生到企业等用人单位的生产服务一线参加的顶岗工作。

第二条　学生通过实习，巩固已学理论知识，增强感性认识，培养劳动观点，掌握基本的专业实践知识和实际操作技能，让学生获得符合实际工作条件的基本训练，从而提高独立工作能力和实践动手能力；同时也能更深入了解党的方针、政策，了解国情，认识社会，开阔视野，建立市场经济观念。通过顶岗实习使学生养成爱岗敬业、吃苦耐劳的良好习惯和实事求是、艰苦奋斗、联系群众的工作作风；树立质量意识、效益意识和竞争意识，培养良好的职业道德和创新精神，提高学生的综合素质和能力，尽快成为生产、建设、管理、服务第一线的高技能人才。

1.3.2　组织与职责

第三条　教务处是学生实习管理工作的归口部门，负责校内外实训基地的开发和建设；负责建立健全全校学生实习管理制度；负责审核各专业学生毕业或生产实习计划、实习指导书、实习相关协议书等实习教学文件；定期巡查、检查各专业教学部实习计划的执行落实情况，提出改进工作的意见和建议；协调处理实习中出现的突发事件；及时向分管校领导汇报实习工作情况。

第四条　招生就业处应积极开发省内、省外、国内、国外就业市场，通过网上公布、召开招聘会等多种形式，及时向学生推荐顶岗实习或就业单位，配合用人单位搞好双向选择工作。

第五条　各专业教学部负责学生顶岗实习中的各项具体工作，主要职责是：

（一）根据专业要求建设校外实习基地；联系实习单位，签订实习协议和承诺书；负责与实习单位沟通协调。

（二）在学生实习前，对学生进行动员、培训和教育，帮助学生明确实习目的、任务、方法和考核办法，并协助学校学生处对学生进行法制观念、安全知识、防范技能、实习单位要求和规章制度等为主要内容的安全教育，杜绝各种意外事故发生。

（三）根据专业人才培养方案，将实习纳入教学计划。组织制定实习计划及实习指导书，组织指导教师和班主任进行实习指导及管理；实习计划应在实习前一周发给学生。

（四）组织实施实习计划，包括确定指导教师、学生的分组及实习过程的管理等。

（五）检查实习的进展情况，处理各种突发事件。

（六）组织实习的考核，制定实习成绩的评定标准。

（七）组织学生实习成绩的评定，实习材料的整理、归档。

第六条　指导教师分为学校指导教师和企业指导教师。学校指导教师由专业指导教师和班主任组成，专业指导教师应由具有一定实践教学能力的教师担任，实习企业指导教师应从具有丰富实践经验的专业技术人员或能工巧匠中聘任。指导教师的主要职责是：

（一）学校专业指导教师要依据实习大纲并结合学生顶岗实习岗位，制定学生具体的实习方案和计划。实习计划应包括：实习目的与要求、实习时间的安排、实习内容与任务、实习方法与步骤、实习纪律、实习总结与考核等。做好实习前的准备工作。

（二）企业指导教师具体负责学生顶岗实习期间的组织管理、技能训练等工作，保证每名学生有专人负责。贯彻落实学校和企业联合制定的实习计划，具体落实顶岗实习任务，做好学生顶岗实习期间的考勤、业务考核、实习鉴定、安全教育等工作。

（三）学校专业指导教师和企业指导教师要进行现场检查与指导，定期组织学习研讨会、讲座、经验交流、上专业课等，定期检查实习进度和质量；在业务指导的同时应注重培养学生良好的职业素质。

（四）学校专业指导教师和企业指导教师在学生实习期末要指导学生撰写实习报告。

（五）班主任负责创建班级 QQ 群和微信群，以便实习期间信息的沟通和交流；负责传达学校下达班集体内的各项通知；协助专业指导教师和企业指导教师处理学生实习期间出现的非专业性问题；负责与学生家长沟通交流。

（六）班主任在学生实习期间负责收集整理学生返回学校的各种实习材料，学生交回的实习材料包括：一是实习时间开始一周后交回的《学生实习协议书》❶、《学生实习回执表》❷、《学生实习家长知情同意书》❸、《学生实习承诺书》❹，班主任负责收集录入《实习统计表》，并转交专业指导教师和教学部各一份；二是实习结束后交回的《建设类专业毕业实习手册》，班主任收集整理后转交学校专业课指导教师作为实习成绩评定的依据之一。中途学生如调换实习单位，需填写《实习单位变更申请表》❺、《实习单位变更回执表》❻并及时返回学校。

（七）专业课指导教师协同班主任整理完善学生的实习材料，最终由专业指导教师归集作为学生实习成绩评定依据。

（八）学校指导教师应与实习企业指导教师密切沟通，帮助解决学生实习中存在的问题。

第七条　接受顶岗实习生的企业要指定一位主管实习的领导，负责实习学生的安全教育和日常管理，负责顶岗实习的安排，与学校指导教师沟通联系或与学校及时联系，客观真实地反馈学生在单位的实习情况。

1.3.3　分类与审批

第八条　顶岗实习分为计划顶岗实习、推荐顶岗实习、自主顶岗实习三类。计划顶岗实习是指学生按照教学计划的安排到学校统一安排的校内外实习基地的顶岗实习。推荐顶岗实习是指经过企业与学生双向选择，到招生就业处推荐的企业进行的具有就业倾向的顶岗实习。自主顶岗实习是指在学校统一安排的顶岗实习时间内，学生自主联系实习单位进行的具有就业倾向的顶岗实习。

第九条　无论是学校安排还是学生自主联系实习单位，学生均须与实习单位签订实习协议；实习协议内容应包括各方的权利、义务，实习期间的待遇及工作时间、劳动安全卫生条件等；实习协议应符合相关法律规定。实习单位为顶岗实习学生提供对口的生产一线的专业技术岗位。

第十条　自主顶岗实习的办理程序

学生持用人单位接收函或用工合同书，向学生所属教学部提出申请，经认可后，领取并填写《自主实习申请书》❼和《学生实习协议书》。在申请表中，学生必须写明有效的联系电话号码，必须有家长的签字。

（一）班主任核实情况后，在《自主实习申请书》上签署意见；

---

❶　见附录2，下文同此。
❷　见附录6，下文同此。
❸　见附录3，下文同此。
❹　见附录4，下文同此。
❺　见附录7，下文同此。
❻　见附录8，下文同此。
❼　见附录5，下文同此。

（二）教学部在《自主实习申请书》上签署意见，批准后与学生本人及家长签订《学生实习协议书》；

（三）教学部将办理自主实习的学生情况登记录入电脑并公布，以备各个管理部门查询；

（四）参加顶岗实习的学生，应购买人身意外伤害保险，预防实习期间可能发生的人身意外伤害等事故。

第十一条 部分学生办理完自主实习手续后，由于种种原因（如与用人单位解除合同）希望由学校统一安排者，可由本人提出申请，经学部审核批准后，解除对该生的自主顶岗实习协议，重新安排该生的实习单位。

1.3.4 指导与监控

第十二条 学校要加强对计划顶岗实习管理的质量监控。

（一）学生到学校内外实训基地进行计划顶岗实习，教学部要安排足够数量的指导教师，每名教师每次负责管理的学生不多于一个班。

（二）指导教师需填写《教师指导实习检查记录表》，实习学生需填写实习日志。

（三）由教务处和教学部共同组成顶岗实习巡查小组，定期组织到实习单位进行督导检查，并填写《实习巡查记录表》。

第十三条 教学部可采取随同管理、巡视和通信联系等多种措施，加强对非计划顶岗实习学生的指导和管理，确保顶岗实习的质量。

（一）对于学生比较集中的推荐顶岗实习，学校安排学校专业指导教师以双重身份参加顶岗实习工作，学校专业指导教师既是学生顶岗实习指导教师，又是顶岗实践锻炼者。学校专业指导教师应与顶岗实习学生"同吃、同住、同劳动"，边顶岗边指导。顶岗实习结束时，指导教师要写出顶岗实习的总结报告，汇报自己的实习体会和学生的实习情况，交教学部进行工作考核。

（二）教学部安排指导教师定期对非计划顶岗实习的学生进行巡视，拜访单位领导和工人师傅，了解每个学生的思想状况和工作表现，深入学生的工作岗位和住所了解学生的各种困难，加强与学生的沟通，在思想上、生活上和工作上给予指导，并填写《顶岗实习巡查记录表》。

（三）学校实习指导教师应采用电话、电子邮件、QQ 群、微信、走访等形式，及时与学生及实习单位或家长沟通联系，进行思想教育与技术指导；及时掌握学生动态，每月沟通不少于 3 次，并填写《实习指导记录表》。

1.3.5 纪律与要求

第十四条 顶岗实习期间学生要严格遵守各项校规校纪和实习单位的各项规章制度，不做有损企业形象和学校声誉的事情，维护正常的实习秩序。

第十五条 顶岗实习前要认真学习顶岗实习的有关管理规定，端正实习态度，明确实习目的，了解实习项目。实习期间要爱岗敬业，遵纪守法，认真履行本岗位职责，培养独立工作能力，努力提高自己的专业技能；要按照顶岗实习计划和岗位特点，安排好自己的学习、工作和生活，按时按质完成各项实习任务，认真做好实习现场工作记录，为撰写实习报告积累资料。实习结束后，独立完成顶岗实习报告。

第十六条　实习期间要严格遵守实习单位的考勤要求，实习期间若需请假，三天内向企业指导教师请假即可，三天以上除向实习企业请假外，还必须报告班主任和实习指导教师。

第十七条　学生每周必须向班主任报到一次，说明本人目前的实习情况，报到方式可以多样化，如电话、QQ、微信等。实习期内如需变更实习岗位，须征得学校指导教师和原实习单位同意；擅自离开实习岗位的，严格按照学籍管理的有关规定处理，在此期间发生的一切不良后果由学生本人负责。

第十八条　实习期间要树立高度的安全防范意识，牢记"安全第一"，严格遵守操作规程。如发生安全事故必须与学校联系，按国家和学校的有关规定处理。

第十九条　学生顶岗实习期间，如因违法违纪或不遵守实习纪律、操作规程及有关规章制度等过错行为，造成自己或他人人身伤害等事故的，由学生本人负责。

1.3.6　考核与评价

第二十条　学生在顶岗实习期间接受学校和企业的双重指导，校企双方要加强对学生的工作过程控制和考核，实行以企业为主、学校为辅的校企双方考核原则，双方共同评定学生的实习成绩。

（一）考核分两部分：一是企业指导教师对学生的考核，占总成绩的60%；二是学校指导教师对学生的实习成果进行评价，占总成绩的40%。

（二）企业指导教师对学生的考核

学生的顶岗工作可以在不同单位或同一单位不同部门或岗位进行，企业要对学生在每一部门或岗位的表现情况进行考核，填写《毕业实习鉴定表》，并签字确认，加盖单位公章。学生每更换一个单位或岗位，应填写一份考核表。

（三）学校指导教师对学生的考核

学校指导教师要对学生在各企业每一部门或岗位的表现情况进行考核；在每一个岗位，学生要写出实习报告，学校指导教师要对学生的实习报告及时进行批改、检查，给出评价成绩。

（四）对严重违反实习纪律，被实习单位终止实习或造成恶劣影响者，实习成绩按不及格处理；对无故不按时提交实习报告或其他规定的实习材料者，实习成绩按不及格处理；凡参加顶岗实习时间不足学校规定时间80%者，实习成绩按不及格处理。

1.3.7　附则

第二十一条　本细则由教务处负责解释，自公布之日起执行。

2 实 习 指 导

2.1 实 习 目 的

毕业实习是学生在学校老师和企业老师（师傅）的共同指导下，对专业实践的初步尝试，是理论与实践相结合的重要方式，其基本目的是培养学生综合运用所学的基础理论知识、专业知识和技能应对和处理职业问题的能力，是学生对所学知识和技能进行系统化、综合化运用、总结和深化的过程，对培养有理想、有道德、有文化、有纪律的德才兼备的技能性人才有着十分重要的意义。

中等职业学校建设类专业的毕业实习是一项重要的实践性教学环节，通过学生深入到建设工程施工现场，以技术员助手的身份参加建设施工现场的技术管理，全面了解工程施工企业的运营体制和管理制度，掌握工程项目施工实施的全过程及相关的法律法规，通过在建设工程相应的职业岗位上担任部分技术业务工作，达到以下目的：

1. 使学生理论联系实际，验证、巩固、深化所学专业知识，训练学生从事建设工程施工技术和施工管理所需的基本实践能力；

2. 让学生了解建设行业的现状、存在的问题和发展前景，了解建设行业的新技术、新工艺和新方法；

3. 培养学生理论结合实际，发现问题、分析问题和解决问题的能力；

4. 通过走向社会，接触实务，让学生具有良好的职业道德，能自觉遵守法律法规、行业规范和企业规章制度；

5. 培养学生将来从事建设类专业应具备的良好的团队协作意识及妥善处理人际关系的沟通与交流能力；

6. 毕业实习是学校和社会为学生提供的一个很好的就业实习机会，是从理论学习到实际应用的一条纽带，能提高他们对于所学知识和技能的运用能力和独立工作能力，为他们能在毕业后直接从事建设类专业相关工作打下良好的基础。

2.2 实 习 内 容

2.2.1 建筑工程施工专业

建筑工程施工专业毕业实习主要面向建筑施工、建设监理和建设工程咨询等企业，从事建筑工程施工工艺与安全管理、工程质量与材料检测、建筑工程监理等工作，对应的实习岗位有施工员、安全员、资料员、质检员、材料员、材料试验员、监理员、绘图员、工程测量员、测量放线工、钢筋工、砌筑工等。

2.2.2 市政工程施工专业

市政工程施工专业毕业实习主要面向市政工程施工企业，从事市政道路与桥梁施工与养护、市政管道施工与养护及市政工程质量安全管理等工作，对应的实习岗位有施工员、质检员、安全员、资料员、材料试验员、绘图员、工程测量员、测量放线工、管工等。

2.2.3 道路与桥梁工程施工专业

道路与桥梁工程施工专业毕业实习主要面向道路交通行业的施工和养护单位，从事道路工程测量、施工、质检、养护及安全管理等工作，对应的实习岗位有施工员、质检员、安全员、造价员、材料试验员、工程测量员、测量放线工、道路施工操作工种等。

2.2.4 工程测量专业

工程测量专业毕业实习主要面向测绘地理信息、交通、建筑、矿山、城建、水利、电力、国土、房产等企业，从事工程勘测、地形与地籍测绘等工作，对应的实习岗位有工程测量员、地籍测绘员、房产测量员、地理信息员、测量放线工等。

2.2.5 城镇建设专业

城镇建设专业毕业实习主要面向区、县、镇等城镇建设单位，从事城镇建设施工的操作、施工管理及村镇建设规划等工作，对应的实习岗位有施工员、质量员、造价员、工程测量员、地籍管理员、测量放线工等。

2.2.6 建筑装饰专业

建筑装饰专业毕业实习主要面向建筑装饰设计与施工企业，从事建筑装饰设计绘图、装饰装修工程施工、装饰装修质量检查、建筑模型制作和室内配饰等工作，对应的实习岗位有绘图员、室内装饰设计员、施工员、资料员、室内装饰装修质量检验员、装饰装修工、室内成套设施装饰工、建筑模型设计制作员等。

2.2.7 建筑设备安装专业

建筑设备安装专业毕业实习主要面向建筑施工企业、建筑设备专业公司、物业管理企业，从事水、暖、电等设备安装、调试、运行、维护、营销等工作，对应的实习岗位有施工员、质量员、造价员（安装）、电气设备安装工、管工、维修电工等。

2.2.8 工程造价专业

工程造价专业毕业实习主要面向施工企业、工程造价咨询、招标代理机构、房地产开发等企业，从事建筑工程预决算、工程招投标及内业资料管理等工作，对应的实习岗位有造价员（土建）、造价员（安装）、资料员等。

2.2.9 房地产营销与管理专业

房地产营销与管理专业毕业实习主要面向房地产经营企业、基层房地产管理单位，从事房地产经营、咨询与租赁、房地产权属登记管理、房地产交易管理、房地产测绘与市场监察、房地产策划、物业管理等工作，对应的实习岗位有房地产策划员、房产测量员、智能楼宇管理师、房地产经纪人协理等。

2.2.10 楼宇智能化设备安装与运行专业

楼宇智能化设备安装与运行专业毕业实习主要面向楼宇化工程施工企业和建筑智能化系统物业管理企业等单位，从事楼宇智能化工程的设备选型、安装调试和施工现场管理或楼宇智能化设备销售、系统维护及维修等工作，对应的实习岗位有施工员、质检员、造价员（安装）、智能楼宇管理师、维修电工、物业管理员等。

2.2.11 给排水工程施工与运行专业

给排水工程施工与运行专业毕业实习主要面向给排水工程建设及水处理设施运行与管理等单位，从事给排水工程施工、设施维护管理和水处理运行等工作，对应的实习岗位有制图员、供水管道工、排水管道工、工程测量员、测量放线工、水质检验工、净水工、泵站运行工、污水处理工、维修电工等。

2.2.12 水利水电工程施工专业

水利水电工程施工专业毕业实习主要面向水利水电工程施工单位和工程管理单位，从事水利水电工程施工与管理、工程监理等工作，对应的实习岗位有监理员、材料试验员、质检员、施工员、工程测量员、安全员、造价员等。

2.2.13 工程机械运用与维修专业

工程机械运用与维修专业毕业实习主要面向土石方工程、建筑工程等所需的机械装备类企业，从事工程机械操作使用、维修与维护、营销租赁及管理等工作，对应的实习岗位有机修钳工、工程机械修理工、建筑起重信号司索工、建筑起重机械司机、建筑起重机械安装拆卸工、建筑机械管理员、营销员等。

2.2.14 园林技术专业

园林技术专业毕业实习主要面向园林企事业单位，从事园林施工、规划设计、建筑、植物栽培养护等工作，对应的实习岗位有草坪建植工、园林植物保护工、花卉园艺工、盆景工、假山工、景观设计师等。

2.2.15 古建筑修缮与仿建专业

古建筑修缮与仿建专业毕业实习主要面向古建筑修缮与仿建企业，从事古建及仿古建筑修缮、施工、装饰等工作，对应的实习岗位有施工员、质检员、安全员、造价员、资料员等。

2.2.16 供热通风与空调施工运行专业

供热通风与空调施工运行专业毕业实习主要面向建筑施工企业、智能建筑物业管理公司，从事建筑工程中室内采暖、通风和空调系统的工程施工与建筑设备维护、运行、管理等工作，对应的实习岗位有施工员、质量员、造价员（安装）、中央空调系统操作员、工程安装钳工、管道工、通风工、制冷工等。

2.2.17 建筑表现专业

建筑表现专业毕业实习主要面向建筑设计投标、房地产开发销售、城市规划、古建筑保护与旧城复原等领域，从事建筑效果图、建筑动画和后期特效制作等工作，对应的实习岗位有制图员、多媒体作品制作员、动画绘制员、建筑模型设计制作员、装饰美工等。

2.2.18 土建工程检测专业

土建工程检测专业毕业实习主要面向各类土建施工企业和工程材料检测单位，从事常用工程材料检测和施工质量控制等工作，对应的实习岗位有材料试验员、室内装饰装修检验员、管道检验工等。

2.2.19 物业管理专业

物业管理专业毕业实习主要面向住宅小区、写字楼宇、饭店、商厦、各类场馆、公司等物业管理基层部门，从事客户服务、档案资料管理、设备管理、房屋修缮管理、环境管理等物业管理服务工作，对应的实习岗位有智能楼宇管理师、物业管理员等。

2.3 实习岗位职责与要求

2.3.1 施工员

一、工作职责

1. 施工组织策划

(1) 参与施工组织管理策划。

(2) 参与制定管理制度。

2. 施工技术管理

(1) 参与图纸会审、技术核定。

(2) 负责施工作业班组的技术交底。

(3) 负责组织测量放线，参与技术复核。

3. 施工进度成本控制

(1) 参与制定并调整施工进度计划、施工资源需求计划，编制施工作业计划。

(2) 参与做好施工现场组织协调工作，合理调配生产资源；落实施工作业计划。

(3) 参与现场经济技术签证、成本控制及成本核算。

(4) 负责施工平面布置的动态管理。

4. 质量安全环境管理

(1) 参与质量、环境与职业健康安全的预控。

(2) 负责施工作业的质量、环境与职业健康安全过程控制，参与隐蔽、分项、分部和单位工程的质量验收。

(3) 参与质量、环境与职业健康安全问题的调查，提出整改措施并监督落实。

5. 施工信息资料管理

(1) 负责编写施工日志、施工记录等相关施工资料。

(2) 负责汇总、整理和移交施工资料。

二、技能要求

1. 能够参与编制施工组织设计和专项施工方案。

2. 能够识读施工图和其他工程设计、施工等文件。

3. 能够编写技术交底文件，并实施技术交底。

4. 能够正确使用测量仪器，进行施工测量。

5. 能够正确划分施工区段，合理确定施工顺序。

6. 能够进行资源平衡计算，参与编制施工进度计划及资源需求计划，控制调整计划。

7. 能够进行工程量计算及初步的工程计价。

8. 能够确定施工质量控制点，参与编制质量控制文件，实施质量交底。

9. 能够确定施工安全防范重点，参与编制职业健康安全与环境技术文件，实施安全和环境交底。

10. 能够识别、分析、处理施工质量缺陷和危险源。

11. 能够参与施工质量、职业健康安全与环境问题的调查分析。

12. 能够记录施工情况，编制相关工程技术资料。

13. 能够利用专业软件对工程信息资料进行处理。

三、知识要求

1. 熟悉国家工程建设相关法律法规。

2. 熟悉工程材料的基本知识。

3. 掌握施工图识读、绘制的基本知识。

4. 熟悉工程施工工艺和方法。

5. 熟悉工程项目管理的基本知识。

6. 熟悉相关专业的力学知识。

7. 熟悉建筑构造、建筑结构和建筑设备的基本知识。

8. 熟悉工程预算的基本知识。

9. 掌握计算机和相关资料信息管理软件的应用知识。

10. 熟悉施工测量的基本知识。

11. 熟悉与本岗位相关的标准和管理规定。

12. 掌握施工组织设计及专项施工方案的内容和编制方法。

13. 掌握施工进度计划的编制方法。

14. 熟悉环境与职业健康安全管理的基本知识。

15. 熟悉工程质量管理的基本知识。

16. 熟悉工程成本管理的基本知识。

17. 了解常用施工机械机具的性能。

2.3.2 质量员

一、工作职责

1. 质量计划准备

（1）参与进行施工质量策划。

（2）参与制定质量管理制度。

2. 材料质量控制

（1）参与材料、设备的采购。

（2）负责核查进场材料、设备的质量保证资料，监督进场材料的抽样复验。

（3）负责监督、跟踪施工试验，负责计量器具的符合性审查。

3. 工序质量控制

（1）参与施工图会审和施工方案审查。

（2）参与制定工序质量控制措施。

（3）负责工序质量检查和关键工序、特殊工序的旁站检查，参与交接检验、隐蔽验收、技术复核。

（4）负责检验批和分项工程的质量验收、评定，参与分部工程和单位工程的质量验收、评定。

4. 质量问题处置

（1）参与制定质量通病预防和纠正措施。

（2）负责监督质量缺陷的处理。

（3）参与质量事故的调查、分析和处理。

5. 质量资料管理

（1）负责质量检查的记录，编制质量资料。

（2）负责汇总、整理、移交质量资料。

二、技能要求

1. 能够参与编制施工项目质量计划。

2. 能够评价材料、设备质量。

3. 能够判断施工试验结果。

4. 能够识读施工图。

5. 能够确定施工质量控制点。

6. 能够参与编写质量控制措施等质量控制文件，并实施质量交底。

7. 能够进行工程质量检查、验收、评定。

8. 能够识别质量缺陷，并进行分析和处理。

9. 能够参与调查、分析质量事故，提出处理意见。

10. 能够编制、收集、整理质量资料。

三、知识要求

1. 熟悉国家工程建设相关法律法规。

2. 熟悉工程材料的基本知识。

3. 掌握施工图识读、绘制的基本知识。

4. 熟悉工程施工工艺和方法。

5. 熟悉工程项目管理的基本知识。

6. 熟悉相关专业力学知识。

7. 熟悉建筑构造、建筑结构和建筑设备的基本知识。

8. 熟悉施工测量的基本知识。

9. 掌握抽样统计分析的基本知识。

10. 熟悉与本岗位相关的标准和管理规定。

11. 掌握工程质量管理的基本知识。

12. 掌握施工质量计划的内容和编制方法。

13. 熟悉工程质量控制的方法。

14. 了解施工试验的内容、方法和判定标准。

15. 掌握工程质量问题的分析、预防及处理方法。

2.3.3 安全员

一、工作职责

1. 项目安全策划

（1）参与制定施工项目安全生产管理计划。

（2）参与建立安全生产责任制度。

（3）参与制定施工现场安全事故应急救援预案。

2. 资源环境安全检查

（1）参与开工前安全条件检查。

（2）参与施工机械、临时用电、消防设施等的安全检查。

（3）负责防护用品和劳保用品的符合性审查。

（4）负责作业人员的安全教育培训和特种作业人员资格审查。

3. 作业安全管理

（1）参与编制危险性较大的分部、分项工程专项施工方案。

（2）参与施工安全技术交底。

（3）负责施工作业安全及消防安全的检查和危险源的识别，对违章作业和安全隐患进行处置。

（4）参与施工现场环境监督管理。

4. 安全事故处理

（1）参与组织安全事故应急救援演练，参与组织安全事故救援。

（2）参与安全事故的调查、分析。

5. 安全资料管理

（1）负责安全生产的记录、安全资料的编制。

（2）负责汇总、整理、移交安全资料。

二、技能要求

1. 能够参与编制项目安全生产管理计划。

2. 能够参与编制安全事故应急救援预案。

3. 能够参与对施工机械、临时用电、消防设施进行安全检查，对防护用品与劳保用品进行符合性判断。

4. 能够组织实施项目作业人员的安全教育培训。

5. 能够参与编制安全专项施工方案。

6. 能够参与编制安全技术交底文件，并实施安全技术交底。

7. 能够识别施工现场危险源，并对安全隐患和违章作业进行处置。

8. 能够参与项目文明工地、绿色施工管理。

9. 能够参与安全事故的救援处理、调查分析。

10. 能够编制、收集、整理施工安全资料。

三、知识要求

1. 熟悉国家工程建设相关法律法规。

2. 熟悉工程材料的基本知识。

3. 熟悉施工图识读的基本知识。

4. 了解工程施工工艺和方法。

5. 熟悉工程项目管理的基本知识。

6. 了解建筑力学的基本知识。

7. 熟悉建筑构造、建筑结构和建筑设备的基本知识。

8. 掌握环境与职业健康管理的基本知识。

9. 熟悉与本岗位相关的标准和管理规定。

10. 掌握施工现场安全管理知识。

11. 熟悉施工项目安全生产管理计划的内容和编制方法。

12. 熟悉安全专项施工方案的内容和编制方法。

13. 掌握施工现场安全事故的防范知识。

14. 掌握安全事故救援处理知识。

2.3.4　材料员

一、工作职责

1. 材料管理计划

（1）参与编制材料、设备配置计划。

（2）参与建立材料、设备管理制度。

2. 材料采购验收

（1）负责收集材料、设备的价格信息，参与供应单位的评价、选择。

（2）负责材料、设备的选购，参与采购合同的管理。

（3）负责进场材料、设备的验收和抽样复检。

3. 材料使用存储

（1）负责材料、设备进场后的接收、发放、储存管理。

（2）负责监督、检查材料、设备的合理使用。

（3）参与回收和处置剩余及不合格材料、设备。

4. 材料统计核算

（1）负责建立材料、设备管理台账。

（2）负责材料、设备的盘点、统计。

（3）参与材料、设备的成本核算。

5. 材料资料管理

（1）负责材料、设备资料的编制。

（2）负责汇总、整理、移交材料和设备资料。

二、技能要求

1. 能够参与编制材料、设备配置管理计划。

2. 能够分析建筑材料市场信息，并进行材料、设备的计划与采购。

3. 能够对进场材料、设备进行符合性判断。

4. 能够组织保管、发放施工材料、设备。

5. 能够对危险物品进行安全管理。

6. 能够参与对施工余料、废弃物进行处置或再利用。

7. 能够建立材料、设备的统计台账。

8. 能够参与材料、设备的成本核算。

9. 能够编制、收集、整理施工材料、设备资料。

三、知识要求

1. 熟悉国家工程建设相关法律法规。

2. 掌握工程材料的基本知识。

3. 了解施工图识读的基本知识。

4. 了解工程施工工艺和方法。

5. 熟悉工程项目管理的基本知识。

6. 了解建筑力学的基本知识。

7. 熟悉工程预算的基本知识。

8. 掌握物资管理的基本知识。

9. 熟悉抽样统计分析的基本知识。

10. 熟悉与本岗位相关的标准和管理规定。

11. 熟悉建筑材料市场调查分析的内容和方法。

12. 熟悉工程招投标和合同管理的基本知识。

13. 掌握建筑材料验收、存储、供应的基本知识。

14. 掌握建筑材料成本核算的内容和方法。

2.3.5 资料员

一、工作职责

1. 资料计划管理

（1）参与制定施工资料管理计划。

（2）参与建立施工资料管理规章制度。

2. 资料收集整理

（1）负责建立施工资料台账，进行施工资料交底。

（2）负责施工资料的收集、审查及整理。

3. 资料使用保管

（1）负责施工资料的往来传递、追溯及借阅管理。

（2）负责提供管理数据、信息资料。

4. 资料归档移交

（1）负责施工资料的立卷、归档。

（2）负责施工资料的封存和安全保密工作。

（3）负责施工资料的验收与移交。

5. 资料信息系统管理

（1）参与建立施工资料管理系统。

（2）负责施工资料管理系统的运用、服务和管理。

二、技能要求

1. 能够参与编制施工资料管理计划。

2. 能够建立施工资料台账。

3. 能够进行施工资料交底。

4. 能够收集、审查、整理施工资料。

5. 能够检索、处理、存储、传递、追溯、应用施工资料。

6. 能够安全保管施工资料。

7. 能够对施工资料立卷、归档、验收、移交。

8. 能够参与建立施工资料计算机辅助管理平台。

9. 能够应用专业软件进行施工资料的处理。

三、知识要求

1. 熟悉国家工程建设相关法律法规。

2. 了解工程材料的基本知识。

3. 熟悉施工图绘制、识读的基本知识。

4. 了解工程施工工艺和方法。

5. 熟悉工程项目管理的基本知识。

6. 了解建筑构造、建筑设备及工程预算的基本知识。

7. 掌握计算机和相关资料管理软件的应用知识。

8. 掌握文秘、公文写作基本知识。

9. 熟悉与本岗位相关的标准和管理规定。

10. 熟悉工程竣工验收备案管理知识。

11. 掌握城建档案管理、施工资料管理及建筑业统计的基础知识。

12. 掌握资料安全管理知识。

2.3.6　造价员

一、工作职责

1. 掌握国家的法律法规及有关工程造价管理的规定，精通本专业理论知识，熟悉工程图纸，掌握《建设工程工程量清单计价规范》及相关工程工程量计算规范，掌握当地相关工程消耗量定额及有关政策的规定，为正确编制招标控制价、投标报价和预（结）算等奠定基础。

2. 全面掌握招标文件、施工合同条款，能正确编制招标控制价；在工程投标阶段，及时、准确做出预算，认真完成投标报价的编制。

3. 负责编制工程的施工图预、结算及工料分析，编审工程分包、劳务层的结算。

4. 熟悉施工图纸，参加项目技术交底，依据其记录进行预（结）算调整。

5. 编制每月工程进度预算并及时上报有关部门审批。

6. 审核分包、劳务层的工程进度预算。

7. 经常深入现场，收集和掌握施工变更、经济签证、材料代换记录，并做好造价测算，及时调整预算。

8. 参与做好工程索赔的相关工作。收集变更、索赔所需基础材料，研究合同相关条款；编制变更、索赔报告及相关附件材料的收集、整理。

9. 建好单位工程预、结算及进度报表台账，填报有关报表。

10. 工程竣工验收后，按时编制竣工结算。

11. 工程结算报批后，要及时追溯跟踪工程结算书送达部门，以便进行审计。

12. 完成工程造价的经济分析，完成工程造价结算资料的整理和汇总。

13. 协助开展部门相关资料的查询及提供。

14. 协助财务进行成本核算。

15. 完成上级领导安排的其他工作。

二、技能要求

1. 能根据制图标准和图集识读建筑与装饰施工图、结构施工图、安装工程施工图，能基本找出图样存在的缺陷和错误。

2. 知道常用建筑工程材料的性能和价格。

3. 了解工程主要的施工工序及一般施工方法。

4. 会收集建筑工程信息，能基本解读招标文件的相关条款并作出相应回应。

5. 会使用《建设工程工程量清单计价规范》及相关工程工程量计算规范编制工程量清单。

6. 会使用当地消耗量定额及计价规范对工程量清单进行计价，编制招标控制价或投标报价。

7. 能进行工程变更及合同价款的调整和索赔费用的计算。

8. 能进行工程竣工结算的编制及竣工结算资料的整理。

9. 熟悉工程造价相关法律法规，理解工程合同的各项条文，能参与招标、投标和合同谈判。

10. 能规范地填写合同内容，进行合同备案。

11. 能熟练运用造价软件完成招标控制价、投标报价、竣工结算等造价文件的编制工作。

12. 会收集、记录、整理和归档各类造价资料，能进行相关造价经济指标分析。

三、知识要求

1. 熟悉制图原理，掌握建筑、安装、装饰施工图的识图方法。

2. 熟悉房屋建筑的构造原理，掌握房屋构造组成。

3. 熟悉平法制图规则，掌握结构施工图的识图方法。

4. 了解常用建筑材料的基本性能，熟悉材料检验的基本知识。

5. 熟悉建筑与装饰工程、建筑设备安装工程的施工工艺和施工流程。

6. 熟悉工程造价相关法律法规。

7. 理解工程计量与计价的基本概念及工程计价的基本原理。

8. 熟悉《建设工程工程量清单计价规范》和相关工程工程量计算规范，以及当地现行消耗量定额的规定。

9. 掌握建筑安装工程造价的费用构成及各项费用确定的计价规则。

10. 掌握根据现行工程量清单计价规范并结合工程实际编制工程量清单的方法。

11. 掌握根据现行工程量清单计价规范及当地消耗量定额并结合工程实际编制工程量清单项目综合单价的方法。

12. 掌握根据现行工程量清单计价规范及当地消耗量定额并结合工程实际编制工程招标控制价（或投标报价）的方法。

13. 掌握竣工结算的编制方法。

14. 掌握工程变更及合同价款的调整和索赔费用的计算方法。

15. 熟练掌握运用造价软件编制造价文件的操作步骤及方法。

2.3.7 绘图员（国家职业资格四级）

一、工作职责

1. 绘制二维图

（1）手工绘图

（2）计算机绘图

2. 绘制三维图

（1）描图

（2）手工绘制轴测图

3. 图档管理、软件管理

二、技能要求

1. 能识别常用建筑构、配件的代（符）号。

2. 能绘制和阅读楼房的建筑施工图。

3. 能绘制简单的二维专业图形。

4. 能够描绘斜二测图、正二测图、正等轴测图、正等轴测剖视图。

5. 能使用软件对成套图纸进行管理。

三、知识要求

1. 截交线、相贯线、一次变换投影面、组合体的绘图知识

2. 图层设置、工程标注、调用图符、属性查询的知识

3. 斜二测图、正二测图、正等轴测图、正等轴测剖视图的知识

4. 管理软件的使用知识

2.3.8 工程测量员（国家职业资格四级）

一、工作职责

1. 准备

（1）资料准备

（2）仪器准备

2. 测量

（1）控制测量

（2）工程测量

（3）地形测量

3. 数据处理

（1）数据整理

（2）计算

4. 仪器设备使用与维护

二、技能要求

1. 能根据工程需要，收集、利用已有资料。

2. 能核对所收集资料的正确性及准确性。

3. 能按工程需要准备仪器设备。

4. 能对 DJ2 型光学经纬仪、DS3 型水准仪进行常规检验与校正。

5. 能进行一、二、三级导线测量的选点、埋石、观测、记录。

6. 能进行三、四等精密水准测量的选点、埋石、观测、记录。

7. 能进行各类工程细部点的放样、定线、验测的观测、记录。

8. 能进行地下管线外业测量、记录。

9. 能进行变形测量的观测、记录。

10. 能进行一般地区大比例尺地形图测图。

11. 能进行纵横断面图测图。

12. 能进行一、二、三级导线观测数据的检查与资料整理。

13. 能进行三、四等精密水准观测数据的检查与资料整理。

14. 能进行导线、水准测量的单结点平差计算与成果整理。

15. 能进行不同平面直角坐标系间的坐标换算。

16. 能进行放样数据、圆曲线和缓和曲线元素的计算。

17. 能进行 DJ2、DJ6 经纬仪、精密水准仪、精密水准尺的使用及日常维护。

18. 能进行光电测距仪的使用和日常维护。

19. 能进行温度计、气压计的使用与日常维护。

20. 能进行袖珍计算机的使用和日常维护。

三、知识要求

1. 平面、高程控制网的布网原则、测量方法及精度指标的知识

2. 大比例尺地形图的成图方法及成图精度指标的知识

3. 常用测量仪器的基本结构、主要性能和精度指标的知识

4. 常用测量仪器检校的知识

5. 测量误差的概念

6. 导线、水准和光电测距测量的主要误差来源及其减弱措施的知识

7. 相应等级导线、水准测量记录要求与各项限差规定的知识

8. 各类工程细部点测设方法的知识

9. 地下管线测量的施测方法及主要操作流程

10. 变形观测的方法、精度要求和观测频率的知识

11. 大比例尺地形图测图知识

12. 地形测量原理及工作流程知识

13. 地形图图式符号运用的知识

14. 等级导线测量成果计算和精度评定的知识

15. 等级水准路线测量成果计算和精度评定的知识

16. 导线、水准线路单结点平差计算知识

17. 城市坐标与厂区坐标的基本原理和换算的知识
18. 圆曲线、缓和曲线的测设原理和计算的知识
19. 各种测绘仪器设备的安全操作规程与保养知识
20. 电磁波测距仪的测距原理、仪器结构和使用与保养的知识
21. 温度计、气压计的读数方法与维护知识
22. 袖珍计算机的安全操作与保养知识

2.3.9　地籍测绘员（国家职业资格四级）

一、工作职责

1. 资料准备
2. 调查
（1）要素确定
（2）要素录入
3. 测绘
（1）控制测量
（2）地籍要素测绘
4. 数据处理
（1）控制网的数据处理
（2）地籍图的绘制
5. 仪器设备维护保养

二、技能要求

1. 能收集各类相关资料。
2. 能进行资料的分析。
3. 能确定地籍要素调查的主要内容。
4. 能进行地块的划分与编号。
5. 能绘制地籍草图。
6. 能利用计算机录入调查的信息。
7. 能根据控制点的设计方案进行选点和绘制点之记。
8. 能进行测量仪器的安置、观测工作，测定各类数据。
9. 能明确地籍要素测量的内容。
10. 能使用测绘仪器采集各类数据。
11. 能进行单一导线的数据处理。
12. 能利用采集的数据绘制地籍图。
13. 能对仪器设备进行常规保养、维护与一般检验。

三、知识要求

1. 资料收集的方法
2. 资料分析、利用的知识
3. 地籍要素的内容

4. 地块的意义与编号方法

5. 平面绘图知识

6. 计算机基础知识及文字录入知识

7. 控制点的选点要求

8. 测量仪器的操作知识

9. 点之记的绘制知识

10. 地籍测量的内容

11. 地籍图的图式、分幅及编号方法

12. 地籍测量的作业流程

13. 导线测量知识

14. 计算机制图软件的应用知识

15. 常用测量仪器的结构原理

2.3.10　房产测量员（国家职业资格四级）

一、工作职责

1. 准备

（1）资料准备

（2）仪器准备

2. 控制点勘查

3. 调查

（1）调查行政区划和坐落

（2）调查丘的土地使用类别及权属关系

（3）调查丘的四至关系和界址点

4. 测量

（1）控制与碎部测量

（2）房屋测量

5. 数据处理

（1）控制网的数据处理

（2）面积计算

（3）房产图的绘制

6. 汇总

（1）面积统计

（2）成果整理

7. 仪器设备维护

（1）维护保养

（2）故障排除

二、技能要求

1. 能核对所收集资料的准确性。

2. 能调用已有资料建立对应关系，进行测绘点编号。

3. 能确定所用仪器设备并进行检查。

4. 能根据确定的测区和房屋坐落勘查测量所需的控制点。

5. 能根据控制点的设计方案进行选点、埋石和绘制点之记。

6. 能根据实地情况对控制点的设计方案提出变更建议。

7. 能确认所测丘或房屋所在丘的行政区划。

8. 能确认所测丘或房屋所在丘的坐落。

9. 能验证丘的土地使用类别。

10. 能记录丘的土地使用权人。

11. 能确认丘的四邻名称。

12. 能确认丘的四至和墙界。

13. 能实地确认界址点。

14. 能进行水平角、垂直角和距离的测量和记录。

15. 能对普通房屋进行测量，并绘制草图和正确标注数据。

16. 能进行单一导线的数据处理。

17. 能计算独立产权房屋的建筑面积。

18. 能对单一功能的房屋面积进行计算和对共有面积进行分摊。

19. 能利用采集的数据正确绘制房产分户图。

20. 能根据要求对单一功能房屋面积计算结果进行统计。

21. 能进行单一功能房屋成果的整理与提交。

22. 能对测量仪器设备进行日常维护。

23. 能对测量仪器设备简单的故障进行排除。

三、知识要求

1. 房产图识图知识

2. 测量仪器检校知识

3. 地籍图知识

4. 控制网图识图知识

5. 点之记的绘制知识

6. 房产分幅图知识

7. 有关土地使用类别的标准

8. 界址点标志类型知识

9. 墙界属性类型知识

10. 水平角、垂直角、距离测量记录规则

11. 房产要素标注知识

12. 导线测量知识

13. 房屋建筑面积计算规定

14. 单一功能的房屋共有建筑面积分摊方法

15. 分户图的相关知识

16. 房屋面积统计知识

17. 房产测量成果整理要求

18. 仪器设备的保养程序

19. 测量仪器设备的基本工作原理

2.3.11 室内装饰设计员（国家职业资格三级）

一、工作职责

1. 设计准备

（1）项目功能分析

（2）项目设计草案

2. 设计表达

（1）方案设计

（2）方案深化设计

（3）细部构造设计与施工图绘制

3. 设计实施

（1）施工技术工作

（2）竣工技术工作

二、技能要求

1. 能够完成项目所在地域的人文环境调研。

2. 能够完成设计项目的现场勘测。

3. 能够基本掌握业主的构想和要求。

4. 能够根据设计任务书的要求完成设计草案。

5. 能够根据功能要求完成平面设计。

6. 能够将设计构思绘制成三维空间透视图。

7. 能够为用户讲解设计方案。

8. 能够合理选用装修材料，并确定色彩与照明方式。

9. 能够进行室内各界面、门窗、家具、灯具、绿化、织物的选型。

10. 能够与建筑、结构、设备等相关专业配合协调。

11. 能够完成装修的细部设计。

12. 能够按照专业制图规范绘制施工图。

13. 能够完成材料的选样。

14. 能够对施工质量进行有效的检查。

15. 能够协助项目负责人完成设计项目的竣工验收。

16. 能够根据设计变更协助绘制竣工图。

三、知识要求

1. 民俗历史文化知识

2. 现场勘测知识

3. 建筑、装饰材料和结构知识

4. 设计程序知识

5. 书写表达知识

6. 室内制图知识

7. 空间造型知识

8. 手绘透视图方法

9. 装修工艺知识

10. 家具与灯具知识

11. 色彩与照明知识

12. 环境绿化知识

13. 装修构造知识

14. 建筑设备知识

15. 施工图绘图知识

16. 材料的品种、规格、质量校验知识

17. 施工规范知识

18. 施工质量标准与检验知识

19. 验收标准知识

20. 现场实测知识

21. 竣工图绘制知识

2.3.12 房地产策划员（国家职业资格四级）

一、工作职责

1. 房地产项目市场调查研究

（1）开展市场调研

（2）信息分类汇总

2. 房地产项目定位

（1）开展市场细分调研

（2）收集项目规划设计资料

3. 房地产项目投资策划

（1）收集房地产投资环境资料

（2）房地产投资环境资料分类

4. 房地产项目整合营销策划

（1）建立市场和客户资料表

（2）广告投放与监控

（3）销售资料汇总

二、技能要求

1. 能够至少使用一种调研方案完成市场调查工作。

2. 能够收集和记录市场调研信息。

3. 能够收集市场信息。

4. 能够对市场调研信息进行汇总。

5. 能够按照信息来源和特征进行分类。

6. 能够进行市场细分资料整理。

7. 能够对消费者心理与行为信息进行汇总整理。

8. 能够进行消费者心理与行为调查。

9. 能够收集项目及周边规划信息。

10. 能够汇总项目规划设计资料。

11. 能够对项目投资环境进行资料收集。

12. 能够收集政府的政策与法规。

13. 能够收集汇总地段的影响因素。

14. 能够对投资科目进行分类。

15. 能够记录周边竞争性楼盘调查表。

16. 能够记录客户购买行为类型表。

17. 能够收集客户信息、建立客户档案。

18. 能够记录和汇总客户回馈信息。

19. 能够根据项目特点提出媒体推广的建议方案。

20. 能够收集客户和供应商的信息资料。

21. 能够监控广告投放实施情况。

22. 能够跟踪现场销售过程。

23. 能够对现场销售情况进行汇总。

三、知识要求

1. 市场调查的作用、特点

2. 市场调查访问法

3. 市场供求的知识

4. 统计数据收集知识

5. 调研信息分类的知识

6. 信息分类的方法

7. 市场细分的概念与作用

8. 信息汇总的方法

9. 消费者调查与分析的知识

10. 规划设计资料分析汇总的方法

11. 房地产项目投资环境要素

12. 政策法规收集的范围与内容

13. 投资估算知识

14. 项目总投资构成的知识

15. 地块影响因素分析的内容与方法

16. 数据统计方法

17. 市场竞争的分析方法

18. 消费行为学相关知识

19. 广告投放的主要形式与内容

20. 反馈信息的收集方法

21. 广告媒体效应监控方法

22. 销售工具种类及用途、特点的相关内容

23. 销售情况日报表的撰写方法

2.3.13　智能楼宇管理师（国家职业资格四级）

一、工作职责

1. 楼宇自动控制系统日常操作与维护

2. 信息通信

（1）铜缆布线

（2）光纤布线

（3）跳线制作

（4）线缆连接测试

（5）制作布线

（6）安装调试 VOIP 电话系统

（7）安装调试家用 ADSL 路由器

（8）安装调试调制解调器

（9）安装调试网卡

3. 消防报警与联动控制

（1）火灾自动报警系统操作与维护

（2）自动灭火设备操作与维护

4. 安全防范

（1）闭路监控电视系统的操作与维护

（2）防盗报警系统的操作与维护

（3）门禁系统的操作与维护

（4）停车管理系统的操作与维护

（5）智能楼宇电子巡更系统的操作使用

5. 智能楼宇综合设施管理

（1）卫星电视与有线电视（CATV）系统的日常维护与操作

（2）数字电视机顶盒的操作

（3）数字点播系统的操作

（4）多功能会议设备安装与连接

二、技能要求

1. 能够看懂自控系统图，并按说明操作楼宇自动控制系统。

2. 能够完成自动控制系统日常维护与保养。

3. 能够分析排除相关系统故障。

4. 能够识别各种铜缆，能够按标准布放铜缆。

5. 能够识别各种光纤并按标准布放线光纤。

6. 能够熟练运用各种工具制作铜缆测试跳线。

7. 能够使用测试工具对线缆连接测试。

8. 能够熟练的运用各种工具制作各种布线。

9. 能够完成 VOIP 电话系统的安装与故障调试。

10. 能够完成家用 ADSL 路由器安装与软件设置。

11. 能够完成调制解调器安装，驱动安装和软件设置。

12. 能够完成有线网卡与无线网卡安装及驱动安装和软件设置。

13. 能够正确设置楼宇火灾自动报警与灭火控制系统。

14. 能够完成火灾自动报警系统日常操作。

15. 能够对闭路监控电视系统的操作与维护。

16. 能够对防盗报警系统的操作与维护。

17. 能够对门禁系统进行维护和管理。

18. 能够对停车管理系统操作与维护。

19. 能够完成智能楼宇巡更系统日常操作。

20. 能够对智能楼宇的卫星电视系统进行维护和管理。

21. 能够按要求设计有线电视（CATV 电视）与卫星电视应用系统。

22. 能安装和调试数字电视机顶盒。

23. 能够对数字点播系统（VOD）进行操作维护与管理。

24. 能够安装与连接多功能会议系统设备。

三、知识要求

1. 建筑设备技术

2. 自动控制技术

3. 综合布线技术

4. 计算机网络技术

5. 通信技术

6. 消防规范

7. 消防控制与灭火技术

8. 火灾自动报警系统的原理

9. 安全防范法基础知识

10. 电子技术

11. 检测技术

12. 计算机与通信技术

13. 电子巡更技术

14. 卫星电视和有线电视的工作原理和组成知识

15. 卫星电视基础知识

16. 有线电视基础知识

17. 电视传输技术

18. 数字电视应用基础

19. 计算机应用基础

20. 职业道德规范

2.3.14 智能楼宇管理师（国家职业资格四级）

一、工作职责

1. 客户管理服务

（1）日常客户服务

（2）收费服务

2. 房屋建筑维护管理

二、技能要求

1. 能够向业主或使用人提供入住服务。

2. 能够做好客户接待工作，并处理一般客户投诉。

3. 能够拟写物业管理的常用文书。

4. 能够建立与管理物业管理档案。

5. 能够按时收取物业管理费用。

6. 能够代收水、电、气等费用。

7. 能够阅读简单的建筑施工图。

8. 能够向业主和使用人说明房屋使用注意事项。

9. 能够组织、管理有关人员对房屋进行日常养护和维修。

10. 能够管理、监督室内装饰、装修工程。

三、知识要求

1. 接待服务规范

2. 接待工作礼仪常识

3. 物业管理常用文书写作基本知识

4. 档案管理基本知识

5. 物业管理合同及房屋租赁合同内容

6. 物业管理费用的构成

7. 有关物价的政策、法规

8. 物业管理收费原则

9. 代收、代缴费用的范围

10. 房屋构造与识图的常识

11. 房屋日常维修养护的内容

12. 室内装饰、装修管理规定

2.3.15 砌筑工（国家职业资格四级）

一、工作职责

1. 砌筑

（1）砌砖、石基础

(2) 砌清水墙角及细部

(3) 砌混水圆柱和异形墙

(4) 砌空斗墙、空心砖墙和各种块墙

(5) 砌毛石墙

(6) 异型砖的加工及清水墙勾缝

(7) 铺砌地面和乱石路面

(8) 铺筑瓦屋面

(9) 砌砖拱

(10) 砌锅炉座、烟道、大炉灶

(11) 砌砖烟囱、烟道和水塔

(12) 工料计算

2. 常用检测工具的使用与维护

二、技能要求

1. 能正确进行各种较复杂砖石基础大放脚的组砌。

2. 能砌 6m 以上清水墙角。

3. 能砌清水方柱（含各种截面尺寸）。

4. 能砌拱旋、腰线、柱墩及各种花棚和栏杆。

5. 能砌混水圆柱。

6. 能按设计要求正确组砌多角形墙、弧形墙。

7. 能正确组砌各种类型的空斗墙、空心砖墙和块墙。

8. 能按皮数杆预留洞槽并配合立门、窗框。

9. 能砌筑各种厚度的毛石墙和毛石墙角。

10. 能砍、磨各种异型砖块。

11. 能进行清水墙勾缝时的开缝和做假砖。

12. 能根据地面砖的类型正确选择砖地面的结合材料。

13. 能进行各种地面砖地面的摆砖组砌。

14. 能按设计和施工工艺要求铺砌乱石路面。

15. 能铺筑筒瓦屋面、阴阳瓦的斜沟、筒瓦的简单正脊和垂脊。

16. 能砌筑单曲砖拱屋面、双曲砖拱屋面。

17. 能砌筑锅炉底座、食堂大炉灶、简单工业炉窑。

18. 能按设计和施工要求正确组砌方、圆烟囱及烟道。

19. 能按设计和施工要求正确组砌水塔。

20. 能按图进行工程量计算。

21. 能正确地使用劳动定额进行工料计算。

22. 能正确使用水准仪、水准尺、水平尺、大线锤、引尺架、坡度量尺、方尺等。

三、知识要求

1. 建筑工程施工图（含较复杂的施工图）的识读

2. 各种砖、石基础的构造知识与材料要求

3. 清水墙的材料要求

4. 各种材料及规格墙体的组砌方式

5. 清水墙角、清水方柱及细部的砌筑工艺操作要点及质量要求

6. 混水圆柱、多角形墙、弧形墙的砌筑工艺、操作要点及质量要求

7. 各种新型砌体材料的性能、特点、使用方法

8. 各种类型空斗墙、空心砖墙、块墙的组砌方式与构造知识

9. 空斗墙、空心砖墙、块墙的砌筑工艺及操作要点

10. 砌筑工程冬雨期施工的有关知识

11. 空斗墙、空心砖墙和砌块墙的质量要求

12. 毛石墙角构造、材料与质量要求

13. 异型砖的放样、计算知识及砍、磨的操作要点

14. 清水墙勾缝的工艺顺序及质量要求

15. 地面砖的种类、规格性能及质量要求

16. 楼地面的构造知识

17. 各种砖地面的铺筑工艺知识及操作要点

18. 乱石路面的铺筑工艺及操作要点

19. 地砖地面的质量要求

20. 屋面瓦的种类、规格性能及质量标准

21. 瓦屋面的构造和施工知识、铺筑工艺及操作要点

22. 拱的力学知识简介

23. 拱屋面的构造知识

24. 拱体的砌筑工艺、操作要点及质量要求

25. 食堂大炉灶及一般工业炉窑的材料及构造知识

26. 工业炉窑、大炉灶施工图的识读

27. 大炉灶、一般工业炉窑的砌筑工艺、操作要点及质量标准

28. 烟囱、烟道及水塔的构造、做法与材料要求

29. 烟囱、烟道及水塔施工图的识读

30. 烟囱、烟道的砌筑工艺及操作要点

31. 水塔的砌筑工艺及操作要点

32. 烟囱、烟道及水塔的质量要求

33. 劳动定额的基本知识

34. 常用检测工具的使用方法和适应范围

2.3.16 钢筋工 (国家职业资格四级)

一、工作职责

1. 施工准备

(1) 识图

(2) 料具准备

2. 配料

（1）放大样图

（2）编制配料单

3. 加工安装

（1）非预应力钢筋绑扎

（2）预应力钢筋的张拉

4. 检查整理

（1）质量检查

（2）整理

二、技能要求

1. 能看懂框架梁、板、柱及一般楼梯等结构构件的钢筋混凝土施工图。

2. 能够对钢筋进行进场验收。

3. 能正确选用预应力钢筋施工中所用的锚、夹具、张拉设备。

4. 能完成框架梁、板、柱及一般楼梯等结构构件中较复杂部位的钢筋大样图。

5. 能编制框架梁、板、柱及一般楼梯等结构构件的配料单。

6. 能绑扎框架结构中特殊部位的钢筋。

7. 能进行先张法工艺操作。

8. 能进行后张法工艺操作。

9. 能进行无粘结后张法工艺操作。

10. 能处理钢筋工程中的质量通病。

11. 能对初级工的施工质量进行跟踪检查。

12. 能完成钢筋工程技术资料的整理。

三、知识要求

1. 结构施工图知识

2. 框架梁、板、柱及一般楼梯等结构的构造特点

3. 钢筋取样方法

4. 试验报告单知识

5. 预应力混凝土施工机具知识

6. 预应力和非预应力钢筋下料计算方法

7. 先张结工艺流程知识

8. 后张结工艺流程知识

9. 无粘结后张法流程知识

10. 钢筋工程质量通病产生原因及处理方法

11. 技术资料整理知识

2.3.17 架子工（国家职业资格四级）

一、工作职责

1. 准备工作

（1）材料、工具准备

（2）常用机具的维护与使用

（3）安全保护准备

2. 搭拆架子

（1）搭拆桥式脚手架

（2）搭拆门式钢管脚手架

（3）搭拆插接式钢框脚手架

（4）搭拆吊挂架子

（5）搭拆悬挑架子

（6）安装、拆除导轨式升降脚手架

（7）搭拆棚仓

（8）搭拆模板支撑架

二、技能要求

1. 能正确进行各类架料的检查验收和养护。

2. 能正确识读脚手架布置图。

3. 能根据搭设方案估算脚手架用料。

4. 能正确使用和维护常用机具。

5. 能对安全用具进行检查验收。

6. 能对常用安全设施进行安全检查验收。

7. 能对脚手架地基进行简易处理。

8. 能搭拆桥式脚手架的立柱和桥架。

9. 能升降桥架。

10. 能准确进行门式钢管脚手架定位。

11. 能正确搭拆门式钢管脚手架。

12. 能准确进行插接式钢框脚手架放线定位。

13. 能正确搭拆插接式钢框脚手架和吊架、吊篮。

14. 能正确安装、拆除吊挂架的提升设施。

15. 能正确搭拆附墙挂架。

16. 能搭拆单层悬挑架、多层分段悬挑架。

17. 能正确安装和拆除导轨式升降脚手架架体。

18. 能正确安装、拆除主框架的支撑设施、防坠设施、提升设施。

19. 能正确对架体进行维护保养。

20. 能用拼装法和绑扎法搭设 9m 以上大跨度棚仓。

21. 能拆除各类大跨度棚仓。

22. 能搭拆梁板、墙柱和基础模板支撑架。

三、知识要求

1. 各类架料检查验收和保养的知识

2. 普通脚手架布置方案的知识

3. 普通脚手架用料估算知识

4. 常用机具的性能、规格及使用和维护要求

5. 安全用具、安全设施的检查验收知识

6. 脚手架地基处理知识

7. 桥式脚手架的构造知识、搭拆要点及安全注意事项

8. 门式钢管脚手架构造知识，以及搭设和拆除的程序、方法及要求

9. 插接式钢框脚手架构造知识，以及搭设和拆除的程序、方法及要求

10. 吊架、吊篮的构造知识，以及吊挂架的安装、拆除工艺及操作要求

11. 单层悬挑架的搭拆方法及注意事项

12. 多层分段悬挑架的搭拆方法及要求

13. 导轨式升降脚手架的升降原理、安装工艺、维护、保养知识

14. 大跨度棚仓的搭设方法、要求及拆除要点

15. 模板支撑架构造知识及搭拆工艺

2.3.18 混凝土工（国家职业资格四级）

一、工作职责

1. 混凝土的浇筑

（1）普通混凝土的浇筑

（2）其他混凝土的浇筑

2. 泵送混凝土施工

3. 混凝土质量检验与评定

（1）参加简单框架结构的混凝土质量检验与评定

（2）简单框架结构混凝土工料计算

二、技能要求

1. 能够浇筑面积为 $40m^2$ 的混凝土刚性防水屋面。

2. 能够按刚性混凝土防水屋面施工操作要领完成摊铺、捣实、找平等工作。

3. 能够浇筑 T 形吊车梁混凝土。

4. 能够浇筑框架结构混凝土，并能按规范要求留设或处理混凝土施工缝。

5. 能够浇筑 18m 跨度屋架的混凝土。

6. 能够按操作规程对所浇筑的混凝土表面进行抹面。

7. 能够按混凝土操作要求预留混凝土试块及对混凝土进行养护。

8. 能够参加高耸构筑物混凝土的浇筑。

9. 能够参加水下混凝土的浇筑。

10. 能够参加桥梁混凝土的浇筑。

11. 能够做好泵送混凝土施工前的各项准备工作。

12. 能够按操作规程进行泵送混凝土施工。

13. 能够正确使用检查具，并做正确检查方法对简单框架结构质量进行检查。

14. 能填写检查记录。

15. 能够正确计算简单框架结构的工程量。

16. 能够按预算定额进行工料分析，并得出正确的工日数和材料的消耗量。

三、知识要求

1. 屋面刚性防水层构造的做法
2. 刚性防水混凝土浇筑前的机具准备知识
3. 小型平板振捣器、滚筒的操作要领及刚性防水混凝土的养护方法
4. 识图的基本知识
5. 单层工业厂房施工图的识图
6. 浇筑 T 形吊车梁的操作要领
7. 混凝土施工缝留设的原则、位置及处理方法
8. 房屋建筑和构筑物基本构件的作用和要求
9. 基本构件受力和传力分析知识
10. 屋架施工图的识图知识
11. 框架、屋架混凝土浇筑方案的具体内容
12. 烟囱、水塔、双曲塔的结构构造知识
13. 桥梁的结构构造及各部分的作用知识
14. 高耸构筑物、桥梁等结构的混凝土浇筑方案知识
15. 泵送混凝土的特点及应用范围
16. 泵送混凝土的材料组成及要求
17. 外加剂种类及泵送剂的应用知识
18. 泵送混凝土施工注意事项
19. 框架结构混凝土质量检验与评定标准
20. 框架结构混凝土质量检查方法
21. 混凝土框架结构工程量的计算方法
22. 预算定额的内容及工料分析方法

2.3.19 管工 (国家职业资格四级)

一、工作职责

1. 施工准备
(1) 安全检查
(2) 识读施工图
(3) 机具、工具准备
(4) 管材、附件准备
(5) 管道除锈、脱脂
2. 预制管道测绘及制作
3. 安装
(1) 管道安装
(2) 锅炉配管与泵类及配管安装
(3) 测量仪表及管路安装
(4) 阀门安装

4. 管道试压

二、技能要求

1. 能够进行场地、施工机具、工具的安全检查。

2. 能够识读管道施工图及简单工艺管道施工图。

3. 能够正确使用管道起重机具和索具,并会选择钢丝绳型号。

4. 能够进行简单的管道起重操作作业。

5. 能够根据施工图计算工料。

6. 能够进行阀门试验。

7. 能够进行管材的酸洗除锈操作。

8. 能够进行管材的脱脂操作。

9. 能够进行阀门、垫片的脱脂操作。

10. 能够进行管道安装草图的测绘。

11. 能够进行焊接三通和单节虾米弯的下料制作。

12. 能够进行管道预制。

13. 能够进行室外给、排水管道安装。

14. 能够进行车间内部工艺管道的安装。

15. 能够进行热力管道的安装。

16. 能够进行氧气、乙炔、输油、燃气、压缩空气管道安装。

17. 能够进行防腐衬胶管安装。

18. 能够进行铜管、铜合金管及铝管、铝合金管管道安装。

19. 能够安装快装锅炉和全部配管并作吹洗、试压和试运行。

20. 能够进行设备重量在 0.5t 以下泵类及泵管路安装,并能排除试运行的一般障碍。

21. 能够进行温度计、流量计等测量仪表的安装。

22. 能够进行仪表管道敷设和安装。

23. 能够进行安全阀的安装调试。

24. 能够进行常用阀门的一般检修。

25. 能够进行室外给水试压、冲洗消毒,排水管道闭水试漏。

26. 能够进行热网试压、通热。

27. 能够进行天然气试压、吹扫。

三、知识要求

1. 施工机具安全操作知识

2. 管道轴测图常识

3. 常用起重设备、工具的种类、规格、性能和使用方法

4. 常用索具的种类、规格、构造及用具

5. 起重设备基本操作方法

6. 管段下料计算方法

7. 阀门试验的目的、分类及步骤

8. 酸洗配方、步骤

9. 管道、阀门、垫片的脱脂操作、工艺标准及成品保护

10. 管道安装草图绘制方法

11. 焊接三通和单节虾米弯的展开放样、制作工艺

12. 现场管道预制组合的分类、要求、原则

13. 室外给、排水管道施工规范

14. 工艺管道施工规范

15. 热力管道施工规范，补偿器分类安装知识

16. 动力管道施工规范

17. 衬胶管的特点、材料及安装、加工方法

18. 有色金属的性质、规格、加工工艺及安装要求

19. 快装锅炉的基本构造和锅炉配管安装知识

20. 离心泵的构造分类、原理分类、型号、安装、试运行及故障排除方法

21. 常用测量仪表的种类、工作原理及安装方法

22. 仪表管道分类、管材及敷设安装方法

23. 安全阀的作用、分类及调试定压技术要求

24. 阀门检修知识

25. 水压试验、设备布置方法

26. 热网试压、通热要求

27. 煤气试压、吹扫工艺

2.3.20　维修电工（国家职业资格四级）

一、工作职责

1. 工作前准备

（1）工具、量具及仪器、仪表

（2）读图与分析

2. 装调与维修

（1）电气故障检修

（2）配线与安装

（3）测绘

（4）调试

二、技能要求

1. 能够根据工作内容正确选用仪器、仪表。

2. 能够读懂 X62W 铣床、MGB1420 磨床等较复杂机械设备的电气控制原理图。

3. 能够正确使用示波器、电桥、晶体管图示仪。

4. 能够正确分析、检修、排除 55kW 以下的交流异步电动机、60kW 以下的直流电动机及各种特种电机的故障。

5. 能够正确分析、检修、排除交磁电机扩大机、X62W 铣床、MGB1420 磨床等机械设备控制系统的电路及电气故障。

6. 能够按图样要求进行较复杂机械设备的主、控线路配电板的配线（包括选择电器

元件、导线等），以及整台设备的电气安装工作。

7. 能够按图样要求焊接晶闸管调速器、调功器电路，并用仪器、仪表进行测试。

8. 能够测绘一般复杂程度机械设备的电气部分。

9. 能够独立进行 X62W 铣床、MGB1420 磨床等较复杂机械设备的通电工作，并能正确处理调试中出现的问题，经过测试、调整，最后达到控制要求。

三、知识要求

1. 常用电工仪器、仪表的种类、特点及适用范围

2. 常用较复杂机械设备的电气控制线路图

3. 较复杂电气图的读图方法

4. 示波器、电桥、晶体管图示仪的使用方法及注意事项

5. 直流电动机及各种特种电机的构造、工作原理和使用及拆装方法

6. 交磁电机扩大机的构造、原理、使用方法及控制电路方面的知识

7. 单相晶闸管交流技术

8. 明、间电线及电器元件的选用知识

9. 电气测绘基本方法

10. 较复杂机械设备电气控制调试方法

2.3.21 电气设备安装工（国家职业资格四级）

一、工作职责

1. 施工前的准备

（1）领会图纸等技术资料

（2）准备施工条件、工机具

2. 电气动力设备安装

（1）电缆线路施工

（2）安装变压器

（3）安装断路器

（4）电气二次接线与检验

（5）安装电动机

3. 电气照明设备安装

（1）安装配电箱（盘）

（2）钢索配管、配线

（3）安装消防自动报警系统

（4）安装热工仪表

4. 电梯安装与维修

（1）安装电梯

（2）调试电梯基本功能

（3）排除故障

（4）电梯日常维护与保养

5. 特殊场所电气设备安装

（1）按场所等级选择电气设备

（2）敷设线路

（3）安装防爆电器

6. 电气调试与试运行

（1）校验工程仪表和仪器

（2）调试一般电器设备

（3）电气设备试运行

（4）工程质量评定表

二、技能要求

1. 能看懂动力、照明平面图，弄清导线的型号、规格、根数及线路配线方式、线路用途，核对电缆敷设图纸，弄清电缆的型号、规格、长度、支架形式及电缆路径，领会技术、安全交底的所有要求。

2. 能对施工设备、材料进行一般性检查，进行现场临时施工用电的安装布置，完成各种电气安装工程施工条件的检查，提出简单工程的施工机具计划。

3. 能根据现场情况，在施工前将电缆的排列用表或图的方式画出来。

4. 能完成干包式终端、室内环氧树脂终端、室内外壳式终端和交联聚乙烯绝缘电缆热缩接头的制作。

5. 能在指导下配合完成变压器的吊芯检查及干燥变压器，能配合起重工完成变压器二次搬运和变压器的就位安装，完成变压器附件的安装和核相工作，在指导下完成变压器交接试验。

6. 能完成 SN10-10 型少油断路器的安装及操动机构、本体的调整，完成断路器三相同时接触误差的测定。

7. 能完成电气二次接线的敷设、导线的分列、连接和检查。

8. 能干燥电动机，与钳工共同完成电动机的安装。完成皮带传动装置与联轴器传动的调整，电动机的控制、保护和启动装置的安装及电动机试运行。

9. 能完成弹线定位，用铁架或金属膨胀螺栓固定配电箱，完成盘面组装，包括实物排列、加工、固定电具、电盘配线，完成配电箱的接地和绝缘检测。

10. 能完成钢索配管、配线的预制加工工件、预埋铁件及预留孔洞、弹线定位分出档距、固定支架、组装钢索、安装保护地线，完成钢索吊装金属管、塑料管、瓷柱、护套线。

11. 能完成消防系统的布线，感烟探测器、感温探测器、感光探测器、瓦斯探测器的安装，端子安装、干线与支线的引入连接和核对导线编号，区域报警器、集中报警器的安装、接线，并在指导下完成系统调试。

12. 能用火焊完成金属壁上测孔的开凿，用机械方法在金属壁上完成测孔的开凿，一次阀门、介质测温温度计、取压装置、节流装置、水层平衡容器、压力表、差压仪表及变送器的安装，完成热工仪表管路的敷设。

13. 能完成电梯安装接线图（表）的绘制和放线、排线，完成井道机械设备、钢丝绳的安装，完成 PC 控制交流双速电梯与微机控制电梯电气部分的安装。

14. 能完成电梯调试前的准备工作，进行调试前的电气、机械检查，完成制动器、自动门机构等部件的调试。

15. 能排除电梯轿厢运行抖动、门电动机皮带轮打滑、电梯楼层信号紊乱、电梯爬行故障，能调整曳引机蜗杆轴向窜动。

16. 能完成电梯曳引机、曳引钢丝绳、曳引轮、曳引电动机、直流电动机门机构、安全设备的保养。

17. 能处理电梯紧急故障。

18. 能选择有爆炸和火灾等危险的场所的电气设备。

19. 能完成钢管配线的敷设安装工作和爆炸危险场所隔离密封的装设。

20. 能完成防爆灯具、防爆电器和防爆电机的安装接线，能完成接地装置的安装。

21. 能完成交、直流电流表、电压表、功率表、功率因数表、电能表、控制电器的检验，交、直流电机的试验和电动机的投运。

22. 能填写一般分项工程的质量评定报表。

三、知识要求

1. 相关技术文件、安全要求，施工临时用电要求，各种电气工程施工条件要求和施工机具计划编制要求

2. 喷灯和热缩材料的使用方法

3. 各种电缆终端和接头制作工艺和质量标准

4. 变压器核相的方法和交接试验的要求

5. SN10-10 型少油断路器的结构和操作试验方法

6. 电气二次接线的原理、安装图、组件、检查和试验方法

7. 电动机是否进行干燥的条件和方法，电动机的安装要求、控制和保护知识

8. 配电箱的安装要求，导线与器具连接的规定

9. 钢索配管、配线的质量标准

10. 消防报警系统的原理和各种探测器的结构、指标

11. 热工仪表测点开孔位置的选择方法，一次仪表的安装要求，仪表管路的敷设要求

12. 电梯井道内照明要求，绳头组合方法，钢丝绳张力调整要求，PC 控制交流双速电梯和微机控制交流调速电梯控制原理

13. 电梯制造与安装安全规范、电梯安装验收规范

14. 曳引绳绳头组合方法，电梯门机构、楼层位置信号控制、电梯平层控制、曳引机减速箱结构的原理

15. 电梯日常维护保养要求及安全知识

16. 场所分类知识，防爆电气设备的类型及标志

17. 钢管配线的基本技术要求，防爆电器安装和接地装置知识

18. 工程计量仪表的校验方法，电器调试知识和电动机运行操作知识

2.4 实习安全注意事项

为了加强学生实习的安全管理，规范学生的实习行为，确保每位学生都能安全、圆满

地完成实习计划，根据学校的相关规定，对学生实习期间的安全注意事项明确强调如下：

一、实习岗位安全

1. 明确实习任务，遵守安全操作规程，注意保密工作，严格遵守劳动纪律、工艺纪律、操作纪律、工作纪律。严格执行交接班制度、巡回检查制度，禁止脱岗，禁止与生产无关的一切活动。

2. 进入施工现场必须正确佩戴安全帽。注意衣着合适，不准穿拖鞋、高跟鞋、裙子进入施工现场。

3. 在脚手架上行走要注意脚手架是否绑扎牢靠，注意脚下不要踩空。在楼层上行走要注意电梯井、管道井、楼梯间、阳台边等洞口、临边。特别是在没有加设安全防护栏时，以防误入坠落。

4. 高空作业时，要注意上面落物伤人。自己在高空作业、行走时，要注意不要丢落或碰落物件，以防砸伤下面的人。

5. 施工现场吊装作业时，不要在下面行走或停留，要绕道行走。

6. 要注意防止触电事故。施工现场有时电力线路较乱，时有破坏裸露、断线等情况造成漏电现象。因此要注意观察，防止触电死伤。

7. 在施工现场不经许可不要乱动机械、设备、开关等，以防造成安全事故。

8. 严格遵守实习纪律和实习单位的各项规章制度，服从管理。不准携带任何与实习无关的物品进入实习现场。不得擅自动用现场的设备器件。损坏公物或仪器设备者按实习单位规定由损坏者本人赔偿。实习期间，一般不得请假，如特殊情况需请假时，必须向实习指导教师履行请假手续，经同意后方可离开。

二、人身和财产安全

1. 实习期间严格遵守国家的法律、法规和相关规定，不得从事任何违法活动。

2. 用法律维护自己的人身财产安全。特别是面对暴力犯罪，要坚决制止不法侵害。对正在进行行凶、杀人、抢劫、强奸、绑架以及其他严重危及人身安全的暴力犯罪，采取防卫行为。发生案件、发现危险要快速、准确、实事求是的报警求助。

3. 要自尊、自重、自爱，遵守社会公德和公共场所的有关规定，远离毒品，不打架斗殴，不酗酒闹事，不观看淫秽书刊和音像制品，不浏览色情网页，不得参加传销，不从事迷信活动，不参加非法组织。

4. 实习期间严禁私自到江河湖海、水库等自然水域游泳；严禁私自到野外游玩或从事其他危险活动，以防发生溺水、摔伤、火灾等危及生命和财产的安全事故。

5. 遵守交通法规，提高防范意识，不得无证驾驶，不乘坐不合规定的车辆。发现安全隐患及发生特殊问题应及时向实习单位领导或实习指导老师报告。

6. 实习期间非工作原因，夜间不得擅自离开实习单位或居住地外出活动，女生更要注意人身安全、穿着端庄、得体，如确需外出，要结伴而行，不走偏黑路、乘坐有营运执照的正规车或出租车，并告知实习同学及同寝室其他同学外出方向、联系方式，切记要及时返回。

7. 实习期间要增强安全防范意识，提高自我保护能力，明辨是非，保持良好的防护习惯，预防抢劫、盗窃事件的发生。

（1）宿舍工注意锁好门、关好窗，在房间里要随时关闭门窗及窗帘；不要留宿外来人员；注意盘查形迹可疑人员；防止推销小商品人员顺手牵羊；宿舍内不放大量现金；贵重物品不要放在明处；安装防盗门窗；及时修复损坏的防盗设施；保管好自己的钥匙；选址安全，谨慎交友。

（2）现金存入银行，存折、银行卡设置一个既保密又不会遗忘的密码，被盗或丢失要立即挂失；日常生活费用贴身携带，不要外露财物。

（3）发生盗抢案件时，要伺机逃脱，并在第一时间报案，在有人时大声呼救，寻找和围堵嫌疑人；要注意保护现场，切勿出入和翻动现场物品，配合警方调查。

8. 同一实习地点的同学之间应相互关照，如发现身体不适等异常情况，第一时间联系距离本人最近的相关人员，包括家长、指导师傅、班主任和实习指导教师。

9. 实习期间要注意与家长保持信息畅通，而且要始终保持与班主任、实习指导老师的联系，及时汇报实习情况。如联系电话发生改变必须及时告知家长、班主任、实习指导教师。实习期间积极主动的与指导教师共同解决在实习中出现各种问题。

10. 严格遵守实习单位和学校的一切有关安全的规定。

3 实 习 安 排

3.1 实 习 计 划

3.1.1 组织领导

学校成立毕业实习领导小组负责毕业实习工作的总体安排和部署，具体工作安排和实习检查由教学部（系）负责。领导小组组成如下：

组长：_____

副组长：_____

组员：_____

_____

3.1.2 时间安排

1. 实习时间：_____年____月____日至_____年____月____日。

2. 实习回执时间：_____年____月____日以前。

3. 实习手册上交时间：请务必于_____年____月____日前，将《建设类专业毕业实习手册》交（寄）到实习指导教师处，未按时交回的学生，毕业实习考核成绩按不合格评定。

4. 实习结束返校时间：_____年____月____日。

3.1.3 毕业实习单位安排

毕业实习的学生，由学校统一安排到具有一定资质的行业单位实习。如个别学生有特殊情况，必须征得家长的同意，并报学校批准后，可自行联系具有相应资质的行业单位完成实习。

3.2 实 习 要 求

3.2.1 毕业实习要求

1. 毕业实习是中等职业学校建设类专业的重要实践教学环节，学生毕业实习考核合格方能获得相应学分，取得毕业证书。

2. 毕业实习单位应是与本专业对口或业务性质与专业相关的单位。毕业实习学生不得进入不符合国家相关规定的单位实习，不允许在娱乐场所实习。

3. 学生毕业实习期间是实习单位的准员工（或称实习员工），要接受实习单位和学校的共同管理，学生必须严格遵守所在实习单位的有关规章制度，特别是安全操作规程，劳动纪律等，如有违反者，视情节轻重分别给予批评教育或其他纪律处分。必要时，停止其实习，并及时按有关规定进行处理。

4. 学生应按照毕业实习计划，实习单位工作任务和岗位职责特点，合理安排好自己的学习、工作和生活，发扬艰苦朴素的工作作风和谦虚好学的精神，努力锤炼并提高自身的业务技能。

5. 实习学生要具有高度的安全事故防范意识，所有学生在实习期间必须办理有关保险。

6. 所有实习学生应认真填写好实习日志和实习周报，并按要求完成实习总结。实习结束后，应将加盖实习单位公章的《毕业实习鉴定表》带回学校交给实习指导教师，作为实习成绩的一部分。

3.2.2 毕业实习总结要求

毕业实习总结在实习结束后完成，运用专业基础理论知识结合实习资料，进行比较深入的分析、总结。实习总结的资料必须翔实，内容应简明扼要，能反映出实习单位的情况及本人实习的情况、体会和感受。实习总结正文内容必须包含以下几个方面：

1. 实习目的：要求言简意赅，点明主题。

2. 实习单位及岗位介绍：要求详略得当，重点突出，着重介绍实习岗位的介绍。

3. 实习内容及过程：要求内容翔实，层次清楚；侧重实际动手能力和技能的培养、锻炼和提高，但切忌记账式或日记式的简单罗列。

4. 实习总结及体会：要求条理清楚，逻辑性强；概括性地总结实习的主要成果，自己的收获和体会；实习对于理论知识的理解和将来参加工作的意义；实习中存在的问题和不足；对今后工作的意见和建议等。

5. 实习总结字数要求不少于 2000 字。

3.3 实习成绩考核评定办法

毕业实习成绩分为优、良、中、及格、不及格五个等级。实习指导教师根据毕业生实习表现及交回材料，按定性和定量考核情况综合评定学生的毕业实习成绩。

一、定性考核成绩评定

毕业实习定性考核分合格和不合格两级，定性考核不合格者毕业实习成绩为不及格。

1.《学生实习回执表》、《学生实习协议书》、《学生实习承诺书》和《学生实习家长知

情同意书》

实习单位确定后，学生应将《学生实习回执表》、《学生实习协议书》、《学生实习承诺书》和《学生实习家长知情同意书》于一周内邮寄回学校（班主任收），邮寄时间以寄出日邮戳为准。如学生变更实习单位，应办理申请手续，应将变更后的情况采用回执或电话的方式及时反馈给班主任或实习指导教师。

无特殊情况未按时寄回上述材料者，毕业实习定性考核为不合格。

2. 实习检查

实习指导教师根据学生的回执信息配合教学部，采用电话查询、实习现场检查、走访带教师傅等方式，检查学生实习情况，并作为评定成绩的依据之一。凡实习检查未经请假擅自脱岗者，毕业实习定性考核为不合格。

二、定量考核成绩的评定

毕业实习定性考核成绩合格者，按定量考核成绩确定毕业实习成绩等级。

定量考核分两部分：一是企业指导教师对学生的考核，占总成绩的60％；二是学校指导教师对学生的实习成果进行评价，占总成绩的40％。

实习指导教师根据寄回的《建设类专业毕业实习手册》和实习表现（日常考勤、安全纪律、工作表现、是否按要求完成各项任务）等方面综合评定定量考核成绩。

4 实习小助手

4.1 实习管理流程

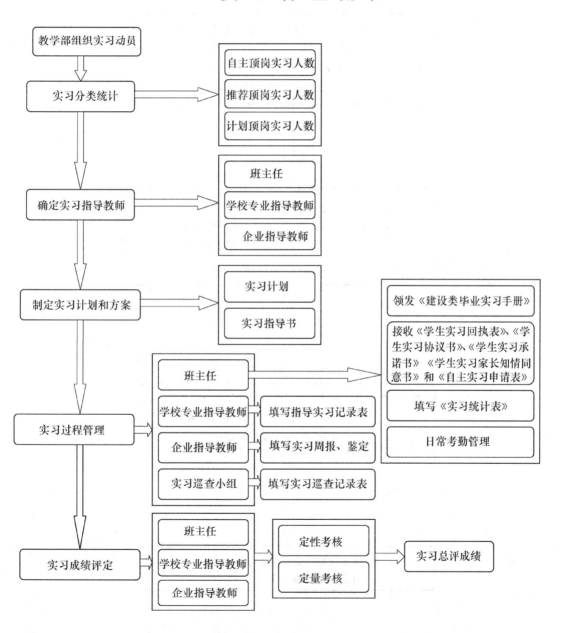

4.2 实习回执流程

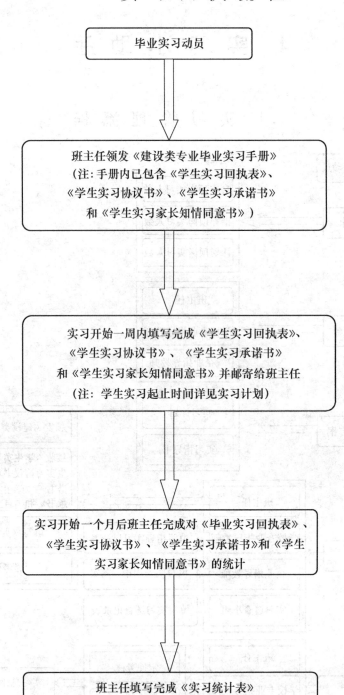

毕业实习动员

班主任领发《建设类专业毕业实习手册》
（注：手册内已包含《学生实习回执表》、
《学生实习协议书》、《学生实习承诺书》
和《学生实习家长知情同意书》）

实习开始一周内填写完成《学生实习回执表》、
《学生实习协议书》、《学生实习承诺书》
和《学生实习家长知情同意书》并邮寄给班主任
（注：学生实习起止时间详见实习计划）

实习开始一个月后班主任完成对《毕业实习回执表》、
《学生实习协议书》、《学生实习承诺书》和《学生
实习家长知情同意书》的统计

班主任填写完成《实习统计表》
并转交学校专业实习指导教师

4.3 实习单位变更流程

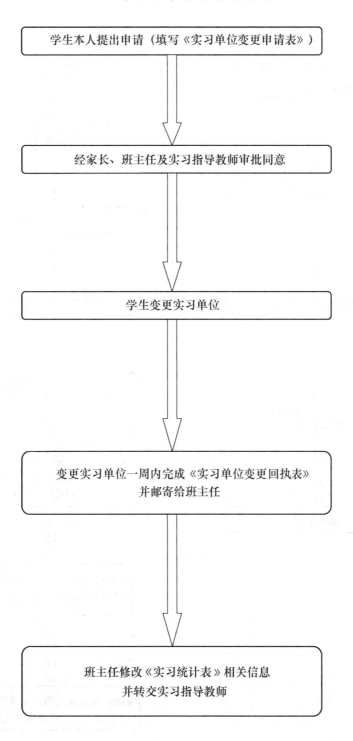

学生本人提出申请（填写《实习单位变更申请表》）

经家长、班主任及实习指导教师审批同意

学生变更实习单位

变更实习单位一周内完成《实习单位变更回执表》
并邮寄给班主任

班主任修改《实习统计表》相关信息
并转交实习指导教师

4.4 实习责任险办理流程

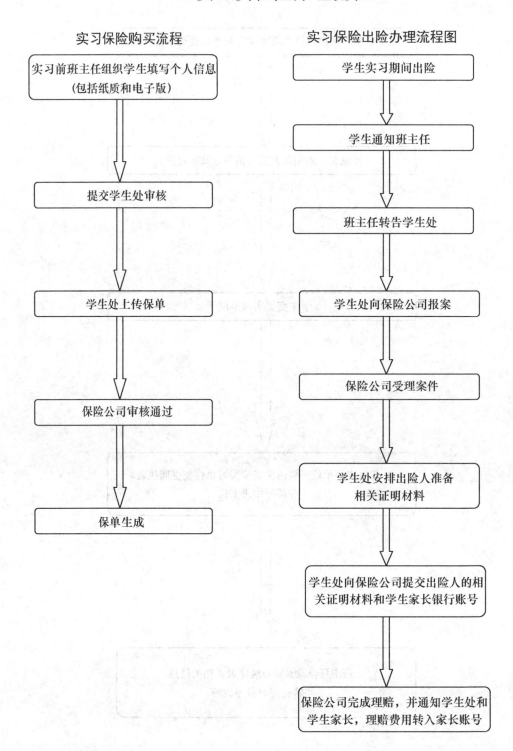

实习保险购买流程

实习前班主任组织学生填写个人信息
（包括纸质和电子版）

↓

提交学生处审核

↓

学生处上传保单

↓

保险公司审核通过

↓

保单生成

实习保险出险办理流程图

学生实习期间出险

↓

学生通知班主任

↓

班主任转告学生处

↓

学生处向保险公司报案

↓

保险公司受理案件

↓

学生处安排出险人准备
相关证明材料

↓

学生处向保险公司提交出险人的相
关证明材料和学生家长银行账号

↓

保险公司完成理赔，并通知学生处和
学生家长，理赔费用转入家长账号

5 实 习 过 程

5.1 实 习 项 目 概 况

项目名称	
项目地址	
实习时间	
项目概况	
项目特点	

注：实习项目为工程施工项目的应另附工程施工工艺流程图和施工现场布置图。若实习项目多于1
个，可另附页说明。

5.2　实习岗位与职责

实习岗位	
岗　位　职　责	

5.3 实习日志与实习周报

实 习 日 志

时间	工 作 内 容
月　日 （星期　）	
月　日 （星期　）	
月　日 （星期　）	
月　日 （星期　）	
月　日 （星期　）	
月　日 （星期　）	
月　日 （星期　）	

考勤情况	出勤 ＿＿天	事假 ＿＿天	病假 ＿＿天	旷工 ＿＿天	迟到 ＿＿天	早退 ＿＿天

实 习 周 报

	（对本周工作及学习情况进行归纳、总结并自我评价，并写出自己的心得体会或建议等）
本周 实习 小结	

实习周评	优 （ ）	良 （ ）	中 （ ）	差 （ ）

企业实习指导教师（师傅）意见：

签名：

实 习 日 志

时间	工 作 内 容
月　日 （星期　）	
月　日 （星期　）	
月　日 （星期　）	
月　日 （星期　）	
月　日 （星期　）	
月　日 （星期　）	
月　日 （星期　）	

考勤情况	出勤 ＿＿天	事假 ＿＿天	病假 ＿＿天	旷工 ＿＿天	迟到 ＿＿天	早退 ＿＿天

实 习 周 报

	（对本周工作及学习情况进行归纳、总结并自我评价，并写出自己的心得体会或建议等）			
本周实习小结				
实习周评	优（ ）	良（ ）	中（ ）	差（ ）

企业实习指导教师（师傅）意见：

签名：

实 习 日 志

时间	工 作 内 容
月　日 （星期　）	
月　日 （星期　）	
月　日 （星期　）	
月　日 （星期　）	
月　日 （星期　）	
月　日 （星期　）	
月　日 （星期　）	

考勤情况	出勤 ＿＿天	事假 ＿＿天	病假 ＿＿天	旷工 ＿＿天	迟到 ＿＿天	早退 ＿＿天

实 习 周 报

本周实习小结	（对本周工作及学习情况进行归纳、总结并自我评价，并写出自己的心得体会或建议等）			
实习周评	优（　　）	良（　　）	中（　　）	差（　　）

企业实习指导教师（师傅）意见：

签名：

实 习 日 志

时间	工 作 内 容
月　日 （星期　）	
月　日 （星期　）	
月　日 （星期　）	
月　日 （星期　）	
月　日 （星期　）	
月　日 （星期　）	
月　日 （星期　）	

考勤情况	出勤 ＿＿天	事假 ＿＿天	病假 ＿＿天	旷工 ＿＿天	迟到 ＿＿天	早退 ＿＿天

实　习　周　报

本周 实习 小结	（对本周工作及学习情况进行归纳、总结并自我评价，并写出自己的心得体会或建议等）			
实习周评	优（　）	良（　）	中（　）	差（　）

企业实习指导教师（师傅）意见：

签名：

实 习 日 志

时间	工 作 内 容
月　日 （星期　）	
月　日 （星期　）	
月　日 （星期　）	
月　日 （星期　）	
月　日 （星期　）	
月　日 （星期　）	
月　日 （星期　）	

考勤情况	出勤 ___天	事假 ___天	病假 ___天	旷工 ___天	迟到 ___天	早退 ___天

| 本周实习小结 | （对本周工作及学习情况进行归纳、总结并自我评价，并写出自己的心得体会或建议等） |

| 实习周评 | 优 （ ） | 良 （ ） | 中 （ ） | 差 （ ） |

企业实习指导教师（师傅）意见：

签名：

实 习 日 志

时间	工 作 内 容
月　日 （星期　）	
月　日 （星期　）	
月　日 （星期　）	
月　日 （星期　）	
月　日 （星期　）	
月　日 （星期　）	
月　日 （星期　）	

考勤情况	出勤 ___天	事假 ___天	病假 ___天	旷工 ___天	迟到 ___天	早退 ___天

实 习 周 报

本周实习小结	（对本周工作及学习情况进行归纳、总结并自我评价，并写出自己的心得体会或建议等）			
实习周评	优（　）	良（　）	中（　）	差（　）

企业实习指导教师（师傅）意见：

签名：

实 习 日 志

时间	工 作 内 容
月 日 （星期 ）	
月 日 （星期 ）	
月 日 （星期 ）	
月 日 （星期 ）	
月 日 （星期 ）	
月 日 （星期 ）	
月 日 （星期 ）	

考勤情况	出勤 ___天	事假 ___天	病假 ___天	旷工 ___天	迟到 ___天	早退 ___天

实　习　周　报

本周 实习 小结	（对本周工作及学习情况进行归纳、总结并自我评价，并写出自己的 心得体会或建议等）			
实习周评	优（　）	良（　）	中（　）	差（　）

企业实习指导教师（师傅）意见：

签名：

实　习　日　志

时间	工　作　内　容
月　日 （星期　）	
月　日 （星期　）	
月　日 （星期　）	
月　日 （星期　）	
月　日 （星期　）	
月　日 （星期　）	
月　日 （星期　）	

考勤情况	出勤 ___天	事假 ___天	病假 ___天	旷工 ___天	迟到 ___天	早退 ___天

实 习 周 报

本周实习小结	（对本周工作及学习情况进行归纳、总结并自我评价，并写出自己的心得体会或建议等）			
实习周评	优（　）	良（　）	中（　）	差（　）

企业实习指导教师（师傅）意见：

签名：

实 习 日 志

时间	工 作 内 容
月　日 （星期　）	
月　日 （星期　）	
月　日 （星期　）	
月　日 （星期　）	
月　日 （星期　）	
月　日 （星期　）	
月　日 （星期　）	

考勤情况	出勤 ___天	事假 ___天	病假 ___天	旷工 ___天	迟到 ___天	早退 ___天

实 习 周 报

	（对本周工作及学习情况进行归纳、总结并自我评价，并写出自己的心得体会或建议等）			
本周 实习 小结				
实习周评	优（ ）	良（ ）	中（ ）	差（ ）
企业实习指导教师（师傅）意见： 签名：				

实 习 日 志

时间	工 作 内 容
月　日 （星期　）	
月　日 （星期　）	
月　日 （星期　）	
月　日 （星期　）	
月　日 （星期　）	
月　日 （星期　）	
月　日 （星期　）	

考勤情况	出勤 ＿＿天	事假 ＿＿天	病假 ＿＿天	旷工 ＿＿天	迟到 ＿＿天	早退 ＿＿天

实 习 周 报

	（对本周工作及学习情况进行归纳、总结并自我评价，并写出自己的心得体会或建议等）			
本周 实习 小结				
实习周评	优（ ）	良（ ）	中（ ）	差（ ）

企业实习指导教师（师傅）意见：

签名：

实 习 日 志

时间	工 作 内 容
月 日 （星期　）	
月 日 （星期　）	
月 日 （星期　）	
月 日 （星期　）	
月 日 （星期　）	
月 日 （星期　）	
月 日 （星期　）	

考勤情况	出勤 ___天	事假 ___天	病假 ___天	旷工 ___天	迟到 ___天	早退 ___天

实 习 周 报

本周 实习 小结	（对本周工作及学习情况进行归纳、总结并自我评价，并写出自己的 心得体会或建议等） 签名：			
实习周评	优（　）	良（　）	中（　）	差（　）

企业实习指导教师（师傅）意见：

签名：

实 习 日 志

时间	工 作 内 容
月　日 （星期　）	
月　日 （星期　）	
月　日 （星期　）	
月　日 （星期　）	
月　日 （星期　）	
月　日 （星期　）	
月　日 （星期　）	

考勤情况	出勤 ___天	事假 ___天	病假 ___天	旷工 ___天	迟到 ___天	早退 ___天

实 习 周 报

本周 实习 小结	（对本周工作及学习情况进行归纳、总结并自我评价，并写出自己的心得体会或建议等）

实习周评	优（　）	良（　）	中（　）	差（　）

企业实习指导教师（师傅）意见：

签名：

实　习　日　志

时间	工 作 内 容
月　日 （星期　）	
月　日 （星期　）	
月　日 （星期　）	
月　日 （星期　）	
月　日 （星期　）	
月　日 （星期　）	
月　日 （星期　）	

考勤情况	出勤 ___天	事假 ___天	病假 ___天	旷工 ___天	迟到 ___天	早退 ___天

实 习 周 报

本周实习小结	（对本周工作及学习情况进行归纳、总结并自我评价，并写出自己的心得体会或建议等）			
实习周评	优（　）	良（　）	中（　）	差（　）

企业实习指导教师（师傅）意见：

签名：

实 习 日 志

时间	工 作 内 容
月 日 （星期 ）	
月 日 （星期 ）	
月 日 （星期 ）	
月 日 （星期 ）	
月 日 （星期 ）	
月 日 （星期 ）	
月 日 （星期 ）	

考勤情况	出勤 ___天	事假 ___天	病假 ___天	旷工 ___天	迟到 ___天	早退 ___天

实 习 周 报

	（对本周工作及学习情况进行归纳、总结并自我评价，并写出自己的心得体会或建议等）			
本周实习小结				
实习周评	优（ ）	良（ ）	中（ ）	差（ ）
企业实习指导教师（师傅）意见：				
				签名：

实 习 日 志

时间	工 作 内 容
月 日 （星期 ）	
月 日 （星期 ）	
月 日 （星期 ）	
月 日 （星期 ）	
月 日 （星期 ）	
月 日 （星期 ）	
月 日 （星期 ）	

考勤情况	出勤 ___天	事假 ___天	病假 ___天	旷工 ___天	迟到 ___天	早退 ___天

实 习 周 报

	（对本周工作及学习情况进行归纳、总结并自我评价，并写出自己的心得体会或建议等）			
本周 实习 小结				
实习周评	优（ ）	良（ ）	中（ ）	差（ ）

企业实习指导教师（师傅）意见：

签名：

实 习 日 志

时间	工 作 内 容				
月　日 （星期　）					
月　日 （星期　）					
月　日 （星期　）					
月　日 （星期　）					
月　日 （星期　）					
月　日 （星期　）					
月　日 （星期　）					
考勤情况	出勤 ___天	事假 ___天	病假 ___天	旷工 ___天	迟到 ___天	早退 ___天

本周实习小结	（对本周工作及学习情况进行归纳、总结并自我评价，并写出自己的心得体会或建议等）		
实习周评	优（　）	良（　）	中（　）	差（　）

企业实习指导教师（师傅）意见：

签名：

实 习 日 志

时间	工 作 内 容
月 日 （星期 ）	
月 日 （星期 ）	
月 日 （星期 ）	
月 日 （星期 ）	
月 日 （星期 ）	
月 日 （星期 ）	
月 日 （星期 ）	

考勤情况	出勤 ___天	事假 ___天	病假 ___天	旷工 ___天	迟到 ___天	早退 ___天

实 习 周 报

本周实习小结	（对本周工作及学习情况进行归纳、总结并自我评价，并写出自己的心得体会或建议等）			
实习周评	优（ ）	良（ ）	中（ ）	差（ ）
企业实习指导教师（师傅）意见：				

签名：

实 习 日 志

时间	工 作 内 容
月 日 （星期 ）	
月 日 （星期 ）	
月 日 （星期 ）	
月 日 （星期 ）	
月 日 （星期 ）	
月 日 （星期 ）	
月 日 （星期 ）	

考勤情况	出勤 ＿＿天	事假 ＿＿天	病假 ＿＿天	旷工 ＿＿天	迟到 ＿＿天	早退 ＿＿天

	（对本周工作及学习情况进行归纳、总结并自我评价，并写出自己的心得体会或建议等）
本周 实习 小结	

实习周评	优（ ）	良（ ）	中（ ）	差（ ）

企业实习指导教师（师傅）意见：

签名：

实 习 日 志

时间	工 作 内 容
月　日 （星期　）	
月　日 （星期　）	
月　日 （星期　）	
月　日 （星期　）	
月　日 （星期　）	
月　日 （星期　）	
月　日 （星期　）	

考勤情况	出勤 ___天	事假 ___天	病假 ___天	旷工 ___天	迟到 ___天	早退 ___天

实 习 周 报

	（对本周工作及学习情况进行归纳、总结并自我评价，并写出自己的心得体会或建议等）			
本周 实习 小结				
实习周评	优（　）	良（　）	中（　）	差（　）
企业实习指导教师（师傅）意见： 签名：				

实 习 日 志

时间	工 作 内 容
月　日 （星期　）	
月　日 （星期　）	
月　日 （星期　）	
月　日 （星期　）	
月　日 （星期　）	
月　日 （星期　）	
月　日 （星期　）	

考勤情况	出勤 ＿＿天	事假 ＿＿天	病假 ＿＿天	旷工 ＿＿天	迟到 ＿＿天	早退 ＿＿天

实 习 周 报

	（对本周工作及学习情况进行归纳、总结并自我评价，并写出自己的心得体会或建议等）			
本周实习小结				
实习周评	优（ ）	良（ ）	中（ ）	差（ ）

企业实习指导教师（师傅）意见：

签名：

实 习 日 志

时间	工 作 内 容
月　日 （星期　）	
月　日 （星期　）	
月　日 （星期　）	
月　日 （星期　）	
月　日 （星期　）	
月　日 （星期　）	
月　日 （星期　）	

考勤情况	出勤 ＿＿天	事假 ＿＿天	病假 ＿＿天	旷工 ＿＿天	迟到 ＿＿天	早退 ＿＿天

实 习 周 报

本周 实习 小结	（对本周工作及学习情况进行归纳、总结并自我评价，并写出自己的心得体会或建议等）			
实习周评	优（　）	良（　）	中（　）	差（　）

企业实习指导教师（师傅）意见：

签名：

实 习 日 志

时间	工 作 内 容
月 日 （星期 ）	
月 日 （星期 ）	
月 日 （星期 ）	
月 日 （星期 ）	
月 日 （星期 ）	
月 日 （星期 ）	
月 日 （星期 ）	

考勤情况	出勤 ___天	事假 ___天	病假 ___天	旷工 ___天	迟到 ___天	早退 ___天

实 习 周 报

	（对本周工作及学习情况进行归纳、总结并自我评价，并写出自己的心得体会或建议等）			
本周 实习 小结				
实习周评	优 （ ）	良 （ ）	中 （ ）	差 （ ）
企业实习指导教师（师傅）意见： 签名：				

实 习 日 志

时间	工 作 内 容
月 日 （星期 ）	
月 日 （星期 ）	
月 日 （星期 ）	
月 日 （星期 ）	
月 日 （星期 ）	
月 日 （星期 ）	
月 日 （星期 ）	

考勤情况	出勤 ___天	事假 ___天	病假 ___天	旷工 ___天	迟到 ___天	早退 ___天

实 习 周 报

	（对本周工作及学习情况进行归纳、总结并自我评价，并写出自己的心得体会或建议等）			
本周 实习 小结				
实习周评	优（　　）	良（　　）	中（　　）	差（　　）

企业实习指导教师（师傅）意见：

签名：

实 习 日 志

时间	工 作 内 容
月　日 （星期　）	
月　日 （星期　）	
月　日 （星期　）	
月　日 （星期　）	
月　日 （星期　）	
月　日 （星期　）	
月　日 （星期　）	

考勤情况	出勤 ___天	事假 ___天	病假 ___天	旷工 ___天	迟到 ___天	早退 ___天

实 习 周 报

	（对本周工作及学习情况进行归纳、总结并自我评价，并写出自己的心得体会或建议等）			
本周 实习 小结				
实习周评	优（　）	良（　）	中（　）	差（　）
企业实习指导教师（师傅）意见： 　　　　　　　　　　　　　　　　　　　　　　　签名：				

实 习 日 志

时间	工 作 内 容
月　日 （星期　）	
月　日 （星期　）	
月　日 （星期　）	
月　日 （星期　）	
月　日 （星期　）	
月　日 （星期　）	
月　日 （星期　）	

考勤情况	出勤 ___天	事假 ___天	病假 ___天	旷工 ___天	迟到 ___天	早退 ___天

实 习 周 报

本周 实习 小结	（对本周工作及学习情况进行归纳、总结并自我评价，并写出自己的心得体会或建议等）			
实习周评	优（　）	良（　）	中（　）	差（　）

企业实习指导教师（师傅）意见：

签名：

实 习 日 志

时间	工 作 内 容
月　日 （星期　）	
月　日 （星期　）	
月　日 （星期　）	
月　日 （星期　）	
月　日 （星期　）	
月　日 （星期　）	
月　日 （星期　）	

考勤情况	出勤 ___天	事假 ___天	病假 ___天	旷工 ___天	迟到 ___天	早退 ___天

实 习 周 报

	（对本周工作及学习情况进行归纳、总结并自我评价，并写出自己的心得体会或建议等）			
本周实习小结				
实习周评	优（　）	良（　）	中（　）	差（　）

企业实习指导教师（师傅）意见：

签名：

实 习 日 志

时间	工 作 内 容
月　日 （星期　）	
月　日 （星期　）	
月　日 （星期　）	
月　日 （星期　）	
月　日 （星期　）	
月　日 （星期　）	
月　日 （星期　）	

考勤情况	出勤 ___天	事假 ___天	病假 ___天	旷工 ___天	迟到 ___天	早退 ___天

实 习 周 报

	（对本周工作及学习情况进行归纳、总结并自我评价，并写出自己的心得体会或建议等）
本周 实习 小结	

实习周评	优 （ ）	良 （ ）	中 （ ）	差 （ ）

企业实习指导教师（师傅）意见：

签名：

实 习 日 志

时间	工 作 内 容
月　日 （星期　）	
月　日 （星期　）	
月　日 （星期　）	
月　日 （星期　）	
月　日 （星期　）	
月　日 （星期　）	
月　日 （星期　）	

考勤情况	出勤 ___天	事假 ___天	病假 ___天	旷工 ___天	迟到 ___天	早退 ___天

	（对本周工作及学习情况进行归纳、总结并自我评价，并写出自己的心得体会或建议等）
本周 实习 小结	

实习周评	优（　）	良（　）	中（　）	差（　）

企业实习指导教师（师傅）意见：

签名：

实 习 日 志

时间	工 作 内 容
月 日 （星期 ）	
月 日 （星期 ）	
月 日 （星期 ）	
月 日 （星期 ）	
月 日 （星期 ）	
月 日 （星期 ）	
月 日 （星期 ）	

考勤情况	出勤 ___天	事假 ___天	病假 ___天	旷工 ___天	迟到 ___天	早退 ___天

实 习 周 报

	（对本周工作及学习情况进行归纳、总结并自我评价，并写出自己的心得体会或建议等）
本周实习小结	

实习周评	优（ ）	良（ ）	中（ ）	差（ ）

企业实习指导教师（师傅）意见：

签名：

实 习 日 志

时间	工 作 内 容
月　日 （星期　）	
月　日 （星期　）	
月　日 （星期　）	
月　日 （星期　）	
月　日 （星期　）	
月　日 （星期　）	
月　日 （星期　）	

考勤情况	出勤 ＿＿天	事假 ＿＿天	病假 ＿＿天	旷工 ＿＿天	迟到 ＿＿天	早退 ＿＿天

实 习 周 报

本周实习小结	（对本周工作及学习情况进行归纳、总结并自我评价，并写出自己的心得体会或建议等）			
实习周评	优（　）	良（　）	中（　）	差（　）

企业实习指导教师（师傅）意见：

签名：

实 习 日 志

时间	工 作 内 容
月　日 （星期　）	
月　日 （星期　）	
月　日 （星期　）	
月　日 （星期　）	
月　日 （星期　）	
月　日 （星期　）	
月　日 （星期　）	

考勤情况	出勤 ___天	事假 ___天	病假 ___天	旷工 ___天	迟到 ___天	早退 ___天

实 习 周 报

本周实习小结	（对本周工作及学习情况进行归纳、总结并自我评价，并写出自己的心得体会或建议等）			
实习周评	优（　）	良（　）	中（　）	差（　）

企业实习指导教师（师傅）意见：

签名：

实 习 日 志

时间	工 作 内 容
月　日 （星期　）	
月　日 （星期　）	
月　日 （星期　）	
月　日 （星期　）	
月　日 （星期　）	
月　日 （星期　）	
月　日 （星期　）	

考勤情况	出勤 ___天	事假 ___天	病假 ___天	旷工 ___天	迟到 ___天	早退 ___天

实　习　周　报

本周 实习 小结	（对本周工作及学习情况进行归纳、总结并自我评价，并写出自己的心得体会或建议等）			
实习周评	优（　）	良（　）	中（　）	差（　）

企业实习指导教师（师傅）意见：

签名：

实 习 日 志

时间	工 作 内 容
月　日 （星期　）	
月　日 （星期　）	
月　日 （星期　）	
月　日 （星期　）	
月　日 （星期　）	
月　日 （星期　）	
月　日 （星期　）	

考勤情况	出勤 ＿＿天	事假 ＿＿天	病假 ＿＿天	旷工 ＿＿天	迟到 ＿＿天	早退 ＿＿天

	（对本周工作及学习情况进行归纳、总结并自我评价，并写出自己的心得体会或建议等）			
本周 实习 小结				
实习周评	优 （ ）	良 （ ）	中 （ ）	差 （ ）

企业实习指导教师（师傅）意见：

签名：

实 习 日 志

时间	工 作 内 容
月　日 （星期　）	
月　日 （星期　）	
月　日 （星期　）	
月　日 （星期　）	
月　日 （星期　）	
月　日 （星期　）	
月　日 （星期　）	

考勤情况	出勤 ___天	事假 ___天	病假 ___天	旷工 ___天	迟到 ___天	早退 ___天

实 习 周 报

	（对本周工作及学习情况进行归纳、总结并自我评价，并写出自己的心得体会或建议等）			
本周 实习 小结				
实习周评	优 （ ）	良 （ ）	中 （ ）	差 （ ）
企业实习指导教师（师傅）意见： 签名：				

实 习 日 志

时间	工 作 内 容
月　日 （星期　）	
月　日 （星期　）	
月　日 （星期　）	
月　日 （星期　）	
月　日 （星期　）	
月　日 （星期　）	
月　日 （星期　）	

考勤情况	出勤 ＿＿天	事假 ＿＿天	病假 ＿＿天	旷工 ＿＿天	迟到 ＿＿天	早退 ＿＿天

本周实习小结	（对本周工作及学习情况进行归纳、总结并自我评价，并写出自己的心得体会或建议等）

实习周评	优 （　）	良 （　）	中 （　）	差 （　）

企业实习指导教师（师傅）意见：

签名：

实 习 日 志

时间	工 作 内 容
月　日 （星期　）	
月　日 （星期　）	
月　日 （星期　）	
月　日 （星期　）	
月　日 （星期　）	
月　日 （星期　）	
月　日 （星期　）	

考勤情况	出勤 ___天	事假 ___天	病假 ___天	旷工 ___天	迟到 ___天	早退 ___天

实 习 周 报

	（对本周工作及学习情况进行归纳、总结并自我评价，并写出自己的心得体会或建议等）			
本周 实习 小结				
实习周评	优（　）	良（　）	中（　）	差（　）

企业实习指导教师（师傅）意见：

签名：

实 习 日 志

时间	工 作 内 容
月 日 （星期 ）	
月 日 （星期 ）	
月 日 （星期 ）	
月 日 （星期 ）	
月 日 （星期 ）	
月 日 （星期 ）	
月 日 （星期 ）	

考勤情况	出勤 ___天	事假 ___天	病假 ___天	旷工 ___天	迟到 ___天	早退 ___天

实 习 周 报

本周实习小结	（对本周工作及学习情况进行归纳、总结并自我评价，并写出自己的心得体会或建议等）			
实习周评	优 （　）	良 （　）	中 （　）	差 （　）

企业实习指导教师（师傅）意见：

签名：

实 习 日 志

时间	工 作 内 容
月 日 （星期 ）	
月 日 （星期 ）	
月 日 （星期 ）	
月 日 （星期 ）	
月 日 （星期 ）	
月 日 （星期 ）	
月 日 （星期 ）	

考勤情况	出勤 ___天	事假 ___天	病假 ___天	旷工 ___天	迟到 ___天	早退 ___天

实 习 周 报

本周 实习 小结	（对本周工作及学习情况进行归纳、总结并自我评价，并写出自己的心得体会或建议等）			
实习周评	优（ ）	良（ ）	中（ ）	差（ ）

企业实习指导教师（师傅）意见：

签名：

实 习 日 志

时间	工 作 内 容
月　日 （星期　）	
月　日 （星期　）	
月　日 （星期　）	
月　日 （星期　）	
月　日 （星期　）	
月　日 （星期　）	
月　日 （星期　）	

考勤情况	出勤 ＿＿天	事假 ＿＿天	病假 ＿＿天	旷工 ＿＿天	迟到 ＿＿天	早退 ＿＿天

	（对本周工作及学习情况进行归纳、总结并自我评价，并写出自己的心得体会或建议等）
本周 实习 小结	

实习周评	优 （ ）	良 （ ）	中 （ ）	差 （ ）

企业实习指导教师（师傅）意见：

签名：

实 习 日 志

时间	工 作 内 容
月　日 （星期　）	
月　日 （星期　）	
月　日 （星期　）	
月　日 （星期　）	
月　日 （星期　）	
月　日 （星期　）	
月　日 （星期　）	

考勤情况	出勤 ___天	事假 ___天	病假 ___天	旷工 ___天	迟到 ___天	早退 ___天

	（对本周工作及学习情况进行归纳、总结并自我评价，并写出自己的心得体会或建议等）
本周 实习 小结	

实习周评	优（　）	良（　）	中（　）	差（　）

企业实习指导教师（师傅）意见：

签名：

6 实 习 总 结

7 毕业实习鉴定表

专业		班级		学号	
姓名			指导教师		
实习企业			企业指导教师		

实习评价 （由企业实习指导教师填写）	评价标准	考勤及工作态度	遵章守纪	业务能力	职业素养	团队协作
	A. 好					
	B. 较好					
	C. 一般					
	D. 差					
	建议成绩等级：优 □　良 □　中 □　及格 □　不及格 □					

企业实习指导教师评价	企业指导教师签名： 年　月　日
实习单位鉴定意见	负责人签名：　　　　企业签章： 年　月　日
教学部意见	经考核，该同学毕业实习定性考核为＿＿＿＿，定量考核成绩为＿＿＿＿，毕业实习综合成绩为＿＿＿＿。 学校指导教师签名：　　　　教学部签章： 年　月　日
备　注	

学生实习责任保险条款

总　　则

第一条　本保险合同由保险条款、投保单、保险单、保险凭证以及批单组成。凡涉及本保险合同的约定，均应采用书面形式。

第二条　凡经相关政府部门依法批准设立的各级各类职业院校（包括但不限于：初等、中等、高等职业院校，职业教育中心，职业高中，技工学校，特殊教育学校，社区教育类学校，成人教育类学校，就业训练中心）、有关教育培训机构、学生实习管理机构以及实习单位，均可作为本保险合同的被保险人。

保 险 责 任

第三条　在保险期间内，在中华人民共和国国内（含港澳台地区），在本保险合同中列明的被保险人的学生（以下简称被保险人的学生）在实习期间内，因遭受除本保险条款第四条列明情形之外的意外事故而导致伤残或死亡，依照中华人民共和国法律，应由被保险人承担经济赔偿责任的，保险人按照本保险合同的约定负责赔偿。

第四条　在保险期间内，在中华人民共和国国内（含港澳台地区），被保险人的学生在实习期间内，因发生下列情形导致的伤残或死亡，经人民法院判决，或有关仲裁机构裁决，或实习责任保险调解处理中心认定，或事故鉴定委员会认定对被保险人需要承担的经济赔偿责任，保险人按照本保险合同约定负责赔偿：

（一）在实习工作时间和实习工作场所内，因实习工作原因受到意外事故伤害；

（二）实习工作时间前后在实习工作场所内，从事与实习工作有关的预备性或者收尾性工作受到意外事故伤害；

（三）在实习工作时间和实习工作场所内，因履行实习工作职责受到暴力等意外伤害；

（四）因实习工作外出期间，由于实习工作原因受到意外伤害；

（五）在实习工作上下班途中，受到非本人负主要责任的交通事故或者城市轨道交通、客运轮渡、火车事故伤害的；

（六）在实习工作时间和实习工作岗位，突发疾病死亡或者在48小时之内经抢救无效死亡；

（七）在抢险救灾等维护国家利益、公共利益活动中受到意外伤害；

（八）在往返于实习单位和学校（住所）的途中（不含实习上下班途中）遭受交通及意外事故伤害；

（九）在实习期间，由于火灾、爆炸、煤气中毒、高空物体坠落受到意外伤害；

（十）除本条第（六）项的情形外，实习期间突发疾病或者受到伤害，被保险人未能及时采取相应措施，导致不良后果加重，被保险人应依法承担责任的；

（十一）因从事诊疗、护理实习工作遭受意外事故受到疾病感染或染上急性传染病；

（十二）在被保险人提供或管理的场所就餐时发生食物中毒；

（十三）学生实习期间遭绑架、失踪或下落不明，后经人民法院宣告死亡；

（十四）法律、行政法规规定应当由被保险人承担经济赔偿责任的其他情形。

第五条　教学实训责任。在保险期间内，被保险人的学生在被保险人组织或安排的校内教学实训活动中，因遭受意外事故而导致人身伤害，经人民法院判决，或有关仲裁机构裁决，或实习责任保险调解处理中心认定，或事故鉴定委员会认定对被保险人需要承担的经济赔偿责任，保险人按照本保险合同约定负责赔偿。

第六条　学生实习第三者责任。在保险期间内，在中华人民共和国境内（港澳台地区除外），被保险人的学生在实习期间因疏忽或过失造成其他第三者的人身伤害，依照中华人民共和国法律（不包括港澳台地区法律）应由被保险人承担的经济赔偿责任，保险人依照本保险合同的约定负责赔偿。

第七条　公平责任。在保险期间内，在中华人民共和国范围内（含港澳台地区），发生上述第三至第六条保险责任所述的意外事故或情形导致被保险人的学生人身伤亡，尽管被保险人已经履行了相应职责、行为并无不当，但经人民法院判决，或有关仲裁机构裁决，或事故鉴定委员会认定，保险人按照本保险合同约定也负责赔偿。

第八条　精神损害责任。在保险期间内，因本保险责任范围内的事故，造成被保险人的学生人身伤亡，依据人民法院判决应由被保险人承担的精神损害赔偿责任，保险人按照本保险合同的约定负责赔偿。

第九条　保险事故发生后，对被保险人为缩小或减少损失实际支付的必要的、合理的费用以及事先经保险人书面同意而支付的其他费用（以下简称"施救费用"），保险人按照本保险合同约定负责赔偿。

第十条　被保险人因发生本保单项下可能引起索赔的事故而被提起仲裁或者诉讼的，对应由被保险人支付的仲裁或诉讼费用以及其他必要的、合理的费用（以下简称"法律费用"），经保险人事先书面同意，保险人按照本保险合同约定负责赔偿。

第十一条　由被保险人组织的学生海外活动（如海外学习、比赛、学术交流等活动）视同为被保险人组织安排的实习活动，期间被保险人的学生遭受意外事故而导致的伤残或死亡，依照本合同约定应由被保险人承担的经济赔偿责任，也由保险人负责赔偿。

第十二条　被保险人的学生在实习期间，由于自然灾害及不可抗力（地震、洪水、台风、雷击等）直接导致的伤残或死亡，依照本合同约定应由被保险人承担的经济赔偿责任，也由保险人负责赔偿。

责　任　免　除

第十三条　下列原因造成被保险人的学生在实习或教学实训期间发生人身伤亡事故的，保险人不负责赔偿：

（一）被保险人的故意行为；

（二）学生本人的故意行为、自残、自杀，但被保险人或其员工有过错应承担赔偿责任的除外；

（三）学生从事吸毒等违法犯罪行为；

（四）学生接受整容手术及其他内、外科手术导致的医疗事故；

（五）学生未遵医嘱，私自服用、涂用、注射药物；

（六）学生从事赛车、赛马、攀崖、滑翔、探险性漂流、潜水、滑雪、滑板、跳伞、热气球、蹦极、冲浪等高风险活动；

（七）学生健康护理等非治疗性行为；

（八）战争、类似战争行为、敌对行动、军事行动、武装冲突、政变、谋反、恐怖活动；

（九）原子能或核能装置所造成的爆炸、污染或辐射；

（十）行政行为或司法行为。

第十四条　具有下列情形的，被保险人的学生对第三者人身伤害造成的损失、费用和责任，保险人不负责赔偿：

（一）被保险人的学生的故意行为或犯罪行为；

（二）被保险人的学生吸食或注射毒品或被药物麻醉。

第十五条　下列损失、费用和责任，保险人不负责赔偿：

（一）被保险人与他人签订的协议约定由被保险人应承担的责任。但即使没有前述协议被保险人依法仍应当承担的责任，以及被保险人同受害学生或其他索赔权利人达成赔偿协议被保险人应当承担责任的除外；

（二）任何间接损失；

（三）任何财产损失；

（四）保单明细表确定的免赔额；

（五）被保险人的学生罹患疾病，但本保险条款第四条第（十）、（十一）项内容除外；

（六）其他不属于本保险责任范围内的损失、费用和责任。

保　险　期　间

第十六条　除另有约定外，本保险合同的保险期间为一年，以本保险合同载明的起讫时间为准。

责任限额和免赔额

第十七条　责任限额包括每人责任限额、每人医疗费用责任限额、每次事故责任限额、每次事故法律费用责任限额。其中每人医疗费用责任限额包含在每人责任限额内。每次事故法律费用责任限额为每次事故责任限额的15%。以上限额由投保人和保险人协商确定，并在本保险合同中载明。

第十八条　每次事故每人医疗费免赔额为200元，但本保险合同另有约定的除外。

保　险　人　义　务

第十九条　本保险合同成立后，保险人应当及时向投保人签发保险单或其他保险凭证。

第二十条　保险人依本保险条款第二十四条取得的合同解除权，自保险人知道有解除事由之日起，超过三十日不行使而消灭。

保险人在保险合同订立时已经知道投保人未如实告知的情况的，保险人不得解除合同；发生保险事故的，保险人应当承担赔偿责任。

第二十一条　保险事故发生后，投保人、被保险人提供的有关索赔的证明和资料不完整的，保险人应当及时一次性通知投保人、被保险人补充提供。

第二十二条　保险人收到被保险人的赔偿请求后，应当及时就是否属于保险责任作出核定，并将核定结果通知被保险人。情形复杂的，保险人在收到被保险人的赔偿请求后三十日内未能核定保险责任的，保险人与被保险人根据实际情形商议合理期间，保险人在商定的期间内做出核定结果并通知被保险人。对属于保险责任的，在与被保险人达成有关赔偿金额的协议后十日内，履行赔偿义务。

保险人依照前款的规定作出核定后，对不属于保险责任的，应当自作出核定之日起三日内向被保险人发出拒绝赔偿保险金通知书，并说明理由。

第二十三条　保险人自收到赔偿保险金的请求和有关证明、资料之日起六十日内，对其赔偿保险金的数额不能确定的，应当根据已有证明和资料可以确定的数额先予支付；保险人最终确定赔偿的数额后，应当支付相应的差额。

投保人、被保险人义务

第二十四条　投保人应履行如实告知义务，如实回答保险人就学生以及被保险人的其他有关情况提出的询问，并如实填写投保单和提供投保学生名单。

投保人故意或者因重大过失未履行前款规定的如实告知义务，足以影响保险人决定是否同意承保或者提高保险费率的，保险人有权解除合同。

投保人故意不履行如实告知义务的，保险人对于合同解除前发生的保险事故，不承担赔偿保险金的责任，并不退还保险费。

投保人因重大过失未履行如实告知义务，对保险事故的发生有严重影响的，保险人对于合同解除前发生的保险事故，不承担赔偿保险金的责任，但应当退还保险费。

第二十五条　除另有约定外，投保人应当在本保险合同成立时一次性向保险人交清保险费。未按约定支付保险费的，保险人不承担赔偿责任。

第二十六条　被保险人要严格遵守国家有关法律法规，为学生实习提供必要的实习条件和安全健康的实习劳动环境。学生上岗实习前，被保险人应按岗位风险对学生进行必要的安全教育，增强学生安全意识，提高其自我防护能力。保险人可以对被保险人遵守前述约定的情况进行检查，向投保人、被保险人提出消除不安全因素和隐患的书面建议，投保人、被保险人应该认真分析、评价、考虑实施。

投保人、被保险人未按照约定履行其对保险标的安全应尽责任的，保险人有权要求增加保险费或者解除合同。

第二十七条　在保险期间内，如保险合同所载事项变更或其他足以影响保险人决定是否继续承保或是否增加保险费的保险合同事项重要变更，被保险人应及时通知保险人，保险人有权增加保险费或者解除合同。

被保险人未履行通知义务，因上述保险合同重要事项变更而导致保险事故发生的，保险人不承担赔偿责任。

第二十八条　被保险人一旦知道保险责任范围内的事故发生，应该：

（一）尽力采取必要、合理的措施，防止或减少损失，否则，对因此扩大的损失，保险人不承担赔偿责任；

（二）立即通知保险人，并书面说明事故发生的原因、经过和损失情况；故意或者因重大过失未及时通知，致使保险事故的性质、原因、损失程度等难以确定的，保险人对无法确定的部分，不承担赔偿责任，但保险人通过其他途径已经及时知道或者应当及时知道保险事故发生的除外；

（三）发生意外伤害事故后，应坚持救治第一的原则，被保险人及相关员工必须尽最大可能权利积极施救、并及时通知公安、消防、医疗卫生等相关部门，对于需要进行急救、包扎、输血、转移、疏散等抢救行为的事故，因时间紧急，被保险人可以不等待保险人现场查勘而单独进行处理，保险人直接根据被保险人事后提交的索赔资料进行理赔处理；

（四）保护事故现场，允许并且协助保险人进行事故调查；对于拒绝或者妨碍保险人进行事故调查导致无法确定事故原因或核实损失情况的，保险人对无法确定或核实的部分不承担赔偿责任。

第二十九条　被保险人收到受害学生或其他索赔权利人的损害赔偿请求时，应立即通知保险人。

未经保险人书面同意，被保险人受害学生或其他索赔权利人作出的任何承诺、拒绝、出价、约定、付款或赔偿，保险人不受其约束。对于被保险人自行承诺或支付的赔偿金额，保险人有权重新核定，不属于本保险责任范围或超出应赔偿限额的，保险人不承担赔偿责任。

第三十条　被保险人获悉可能发生诉讼、仲裁时，应立即以书面形式通知保险人；接到法院传票或其他法律文书后，应将其副本及时送交保险人。经被保险人同意，保险人有权以被保险人的名义处理有关诉讼或仲裁事宜，被保险人应提供有关文件，并给予必要的协助。

第三十一条　被保险人向保险人请求赔偿时，应提交保险单正本或保险凭证、索赔申请、损失清单、事故证明、索赔申请人身份证明、医疗机构或司法机关出具的残疾鉴定证明、死亡证明、医疗费用收据、诊断证明及病历、有关的已生效法律文书（裁定书、裁决书、判决书、调解书等）以及其他投保人、被保险人所能提供的与确认保险事故的性质、原因、损失程度等有关的证明和资料。

若申请人为代理人，还应提供授权委托书、身份证明等相关证明文件。

投保人、被保险人未履行前款约定的单证提供义务，导致保险人无法核实损失情况的，保险人对无法核实部分不承担赔偿责任。

第三十二条　被保险人在请求赔偿时应当如实向保险人说明与本保险合同有关的重复保险的情况。对未如实说明导致保险人多支付的保险赔偿金，保险人有权向被保险人追回。

第三十三条　发生保险责任范围内的损失，应由有关责任方负责赔偿的，被保险人应行使或保留向该责任方请求赔偿的权利。

保险事故发生后，保险人未履行赔偿义务之前，被保险人放弃对有关责任方请求赔偿的权利的，保险人不承担赔偿责任。

保险人向被保险人赔偿保险金后，被保险人未经保险人同意放弃对有关责任方请求赔偿的权利的，该行为无效。

在保险人向有关责任方行使代位请求赔偿权利时，被保险人应当向保险人提供必要的文件和其所知道的有关情况。

由于被保险人的故意或者重大过失致使保险人不能行使代位请求赔偿的权利的，保险人可以扣减或者要求返还相应的保险金。

赔 偿 处 理

第三十四条　保险人的赔偿以下列方式之一确定的被保险人的赔偿责任为基础：

（一）被保险人和向其提出损害赔偿请求的受害学生或其他索赔权利人协商并经实习责任保险调解处理中心或事故鉴定委员会确认；

（二）仲裁机构裁决；

（三）人民法院判决；

（四）保险人认可的其他方式。

第三十五条　被保险人的学生因保险责任范围内的事故遭受损害，被保险人对该受害学生应付的赔偿责任确定的，根据被保险人的要求，保险人直接向该受害学生赔偿保险金。被保险人怠于请求的，受害学生或其亲属、代理人有权就其应获赔偿部分直接向保险人请求赔偿保险金。

被保险人的学生因保险责任范围内的事故遭受损害，被保险人未向该受害学生赔偿的，保险人不负责向被保险人赔偿保险金。

第三十六条　发生保险事故致使学生死亡、残疾的，保险人按照本保险合同约定负责赔偿（不适用于本条款保险责任部分第六、七、八、九、十条）：

（一）死亡：赔偿死亡赔偿金，死亡赔偿金为本保险合同约定的每人责任限额；

（二）残疾：赔偿残疾赔偿金

A. 永久丧失全部工作能力：残疾赔偿金为本保险合同约定的每人责任限额；

B. 永久丧失部分工作能力：按医疗机构或伤残鉴定机构出具的伤残程度鉴定书，并对照国家发布的《职工工伤与职业病致残程度鉴定标准》GB/T16180—2006（以下称《伤残鉴定标准》）确定伤残等级，残疾赔偿金为附表1-1《伤残等级赔偿比例表》中该伤残等级所对应的比例乘以每人责任限额所得的金额。

第三十七条　发生保险事故致使学生伤残或死亡的，在下列情形下被保险人对医疗费和相关费用的经济赔偿责任，由保险人负责承担：

（一）在紧急情况下，因保险事故导致的在二级以下医疗机构进行急诊、抢救等行为时产生的医疗费用；

（二）如就保险事故的医疗救治获得保险人认可，则在二级以下医疗机构产生的医疗费和相关费用；

（三）在本条第（一）、（二）款之外的情形，保险人仅负责承担在三级、二级医疗机构发生的产生的医疗费及相关费用的经济赔偿责任。

第三十八条　在保险期间内，发生保险事故致使学生伤残的，对下列费用，保险人依据《最高人民法院关于审理人身损害赔偿案件适用法律若干问题的解释》的规定负责赔偿：

（一）医疗费，包括挂号费、治疗费、手术费、检查费、医药费、住院期间的床位费、取暖费、空调费等；

（二）相关费用，包括护理费、交通费、住宿费、住院伙食补助费、必要的营养费、残疾辅助器具费；

对学生因治疗所支出的医疗费用，保险人在依据本条第一款计算的基础上，扣除每次事故免赔额后，在每人责任限额内进行赔偿。

第三十九条　对学生实习第三者责任的赔偿。对第三者因本条款保险责任部分第六条保险事故导致的死亡/残疾，赔偿金额依据《最高人民法院关于审理人身损害赔偿案件适用法律若干问题的解释》的规定，在保险责任范围内和保险单约定责任限额内，按照附表1-2《伤残等级赔偿比例表》计算。

发生保险事故后，第三者遭受人身伤害，因就医治疗所支出的各项费用以及因误工减少的收入，包括医疗费、误工费、护理费、交通费、住宿费、住院伙食补助费、营养费等必要、合理的费用，在保险责任范围内和保险单约定责任限额内，依据《最高人民法院关于审理人身损害赔偿案件适用法律若干问题的解释》的规定进行计算。

受害人因伤致残的，其因增加生活上需要所支出的必要费用以及因丧失劳动能力导致的收入损失，除本条第一款规定的残疾赔偿金外，还应包括残疾辅助器具费、被扶养人生活费，以及因康复护理、继续治疗实际发生的必要的康复费、护理费、后续治疗费，在保险责任范围内和保险单约定责任限额内，依据《最高人民法院关于审理人身损害赔偿案件适用法律若干问题的解释》的规定进行计算。

第四十条　对公平责任的赔偿。对公平责任的赔偿应依据人民法院判决，或有关仲裁机构裁决，或事故鉴定委员会的认定，对于每次事故，保险人就每名学生的所有赔偿金额之和不超过保险单列明的每人责任限额。

第四十一条　对精神损害责任的赔偿。被保险人应承担精神损害赔偿责任的，应提供确定精神损害赔偿金额的人民法院判决书。

对于每次事故，保险人就每名学生精神损害与人身伤亡的赔偿金额之和不超过保险单列明的每人责任限额。

对于每次事故造成的所有损失，包括但不限于被保险人对学生的人身伤亡和精神损害赔偿责任，保险人的赔偿金额总和不超过保险单中载明的每次事故责任限额。

第四十二条　发生保险事故后，保险人对每人施救费用的赔偿限额包含在每人责任限额之内，且以每人责任限额为限。对每次事故施救费用的赔偿限额包含在每次事故责任限额之内，保险人所承担的施救费用最高不超过每次事故责任限额。

第四十三条　对于每次事故法律费用的赔偿金额，保险人按应由被保险人支付的数额另行计算，最高金额以每次事故法律费用责任限额为限。

第四十四条　发生保险事故后，保险人、被保险人为查明和确定保险事故的性质、原因和损失程度所支付的鉴定费、评估费、公证费等必要的、合理的费用，保险人按应由被保险人支付的数额另行计算赔偿。

第四十五条　发生保险事故后，保险人对每个学生的赔偿金额以每人责任限额为限，对每次事故的赔偿金额不超过保险合同载明的每次事故责任限额。

第四十六条 在保险期间内，学生在实习期间失踪或下落不明，后经人民法院宣告死亡的，保险人根据该判决赔偿死亡赔偿金。但若该学生被宣告死亡后生还的，被保险人应于知道该学生生还后 30 日内退还保险人已经支付的保险金。

第四十七条 赔偿处理顺序

（一）学生因保险责任范围内的事故遭受损害，在被保险人为职业院校的情况下，被保险人可从下列两种方式之中选择其一请求赔偿：

1. 被保险人、实习单位与受害学生或其他索赔权利人达成赔偿协议的，对属于保险责任范围内的事故，保险人在保险责任限额内按照赔偿协议的约定负责赔偿，赔偿金额最高不超过赔偿协议中约定应由被保险人承担的金额；

被保险人、实习单位与受害学生或其他索赔权利人达成赔偿协议的，如投保附加被保险人保险，对属于保险责任范围内的事故，赔偿金额最高不超过赔偿协议中约定应由被保险人和实习单位承担的赔偿金额之和。

2. 保险人按照本保险合同的约定先行赔付，存在其他责任方（或投保附加被保险人保险，存在除附加被保险人之外的第三方）的，保险人自向投保学校赔偿保险金之日起，在赔偿金额范围内代位行使被保险人对第三者请求赔偿的权利。

（二）学生因保险责任范围内的事故遭受损害，在被保险人为实习单位的情况下，保险人按照本保险合同的约定先行赔付，存在除附加被保险人以外的其他责任方的，保险人自向实习单位赔偿保险金之日起，在赔偿金额范围内代位行使被保险人对第三者请求赔偿的权利。

第四十八条 发生保险事故后，保险人按照保险合同清单承担赔偿责任。

被保险人对上述名单范围以外的人员承担的赔偿责任，保险人不负责赔偿。

第四十九条 如存在重复保险，保险人按照本保险合同的责任限额与所有有关保险合同的责任限额总和的比例承担赔偿责任。

第五十条 被保险人向保险人请求赔偿保险金的诉讼时效期间为二年，自其知道或者应当知道保险事故发生之日起计算。

争 议 处 理

第五十一条 因履行本保险合同发生的争议，由当事人协商解决。协商不成的，提交保险单载明的仲裁机构仲裁；保险单未载明仲裁机构且争议发生后未达成仲裁协议的，依法向中华人民共和国人民法院起诉。

第五十二条 本保险合同的争议处理适用中华人民共和国法律（不包括港澳台地区法律）。

其 他 事 项

第五十三条 保险责任开始前，投保人或保险人要求解除保险合同的，保险人应当向投保人退还已收取的保险费。

保险责任开始后，投保人要求解除保险合同的，自通知保险人之日起，保险合同解除，保险人按照相关规定计收自保险责任开始之日起至合同解除之日止期间的保险费，并退还剩余部分保险费；保险人要求解除保险合同的，应提前十五日向投保人发出解约通知书，保险人按照保险责任开始之日起至合同解除之日止期间与保险期间的日比例计收保险费，并退还剩余部分保险费。

第五十四条　定义

实习：指被保险人根据人才培养目标要求、教学计划安排等，结合实习单位实际情况，组织或安排学生进行的职业技能训练、教学实习、顶岗实习等实践活动。

组织或安排实习的形式包括统一安排、逐个派遣、学生自行落实实习单位、学生中途离开学校安排的实习单位转入自行落实实习单位等形式。

实习期间：指被保险人组织、安排或认可的学生实习全过程，包括学生往返于学校、住所和实习单位的途中，被保险人组织的竞赛、演出活动等期间。

实习单位：与职业院校合作完成学生职业技能教学内容和任务的企业、事业单位、社会团体、民办非企业单位、基金会、律师事务所、会计师事务所等组织和有雇工的个体工商户等单位。

教学实训活动：是指被保险人按照与专业有关的企业岗位的要求和教学计划安排，组织或安排学生在校内参加的教学性实践活动。

重复保险：重复保险是指投保人对同一保险标的、同一保险利益、同一保险事故分别与两个以上保险人订立保险合同，且保险金额总和超过保险价值的保险。

法律：包括中华人民共和国相关法律、法规、条例和部门规章，不含港澳台地区法律。

急性传染病：指传染性非典型肺炎、病毒性肝炎、人感染高致病性禽流感、麻疹、流行性出血热、流行性乙型脑炎、炭疽、肺结核、鼠疫、霍乱。

伤残等级赔偿比例表 附表 1-1

项　目	伤残程度	保险合同约定每人每年责任限额的百分比
（一）	死亡	100％
（二）	一级伤残	100％
（三）	二级伤残	80％
（四）	三级伤残	65％
（五）	四级伤残	55％
（六）	五级伤残	45％
（七）	六级伤残	25％
（八）	七级伤残	15％
（九）	八级伤残	10％
（十）	九级伤残	4％
（十一）	十级伤残	1％

注：表中伤残程度参照国家标准 GB/T16180－2006《职工工伤与职业病致残等级》中的标准制定。

伤残等级赔偿比例表

附表 1-2

项　目	伤残程度	法律规定的死亡赔偿金的百分比
（一）	死亡	100%
（二）	一级伤残	100%
（三）	二级伤残	80%
（四）	三级伤残	65%
（五）	四级伤残	55%
（六）	五级伤残	45%
（七）	六级伤残	25%
（八）	七级伤残	15%
（九）	八级伤残	10%
（十）	九级伤残	4%
（十一）	十级伤残	1%

注：表中伤残程度参照国家标准 GB/T16180—2006《职工工伤与职业病致残等级》中的标准制定。

_____学校学生实习协议书

甲方（学　　校）：_____

乙方（实习企业）：_____

丙方（学生本人）：_____丙方家长：_____

一、协议事宜

为适应市场需求，完成教学计划所规定的实习教学任务，保证实习工作正常开展，经甲乙丙三方协议，丙方家长同意，甲方同意丙方到乙方实习，实习期为_____年_____月_____日至_____年_____月_____日的正常工作日。

二、三方责任

1. 甲方责任

（1）负责在顶岗实习前对丙方进行思想动员和安全纪律教育，使学生明确顶岗实习的目的、意义，注意安全，遵守纪律。

（2）不定期与乙方联系，了解学生实习情况，负责对丙方实习期间的成绩考评和违纪处理。

（3）负责为丙方办好实习期间的意外伤害保险、实习责任险等险种，协助乙方及时处理丙方的疾病治疗、保险理赔等事宜。

2. 乙方责任

（1）安排专门的管理人员对丙方进行业务培训、技术指导和日常管理。为丙方提供符合国家规定的安全、卫生工作环境，根据丙方实习岗位的实际情况，按国家规定向其提供必需的劳动防护用品。

（2）实习期间，除不可抗拒力之外，不能以岗位减少等理由辞退实习学生。

（3）按时支付丙方实习期间_____元/月的实习补助，并为丙方的食宿提供方便。

（4）为丙方购买人身意外伤害保险，并负责处理丙方的保险理赔等事宜。

（5）及时向甲方通报丙方实习期间违纪违规情况及处理意见，并协助甲方对丙方进行实习考核和总结鉴定。

3. 丙方责任

（1）自行联系实习单位的，必须征得家长的同意，并向甲方提供乙方单位的资质材料，报甲方审批，否则实习安全责任自负且实习成绩无效。

（2）实习单位确定后，丙方应及时将实习回执表及本"协议书"寄回甲方。

（3）丙方在实习和日常生活中，应遵守国家法律法纪和校纪校规，遵守乙方的规章制度，特别是生产劳动纪律、安全生产纪律，服从安排实习单位主管人员指挥及乙方实习指导教师的指导。

（4）丙方因不遵守实习纪律、操作规则及有关规章制度等过错行为，造成本人、他人或集体人身、财产损害，由丙方自行承担责任。

（5）丙方个人擅自离开实习单位，均视为个人行为，发生的一切安全事故及人身财产损失，均由丙方本人负责。丙方应对自伤、自残、自杀等行为引起的后果承担完全责任。

（6）丙方每周定期主动与班主任和实习指导教师保持联系，按时完成实习日志、周报和实习总结。在实习期间要随时接受甲方对其实习情况的检查，连续两周未与甲方联系者，将按学校相关规定严肃处理。

（7）丙方在实习期间违反乙方劳动纪律，违反操作规程、安全纪律，被乙方退回或无正当理由未经批准擅自离开实习单位，将取消实习资格，实习成绩按不及格评定，一律不予毕业和推荐就业。

（8）实习结束丙方被乙方正式录用，须签订《就业协议书》并及时将协议寄回甲方备案。

三、《实习回执表》为本协议书附件。

四、本协议未尽事宜由三方共同协商解决。

五、本协议一式三份，三方各执一份，经三方签字后生效。

甲方（盖章）：　　　　　　乙方（盖章）：　　　　　　丙方（签字）：
联系人：　　　　　　　　　联系人：　　　　　　　　　丙方家长：
联系电话：　　　　　　　　联系电话：　　　　　　　　联系电话：
年　月　日　　　　　　　　年　月　日　　　　　　　　年　月　日

学生实习家长知情同意书

_____学校：

贵校_____专业_____班学生_____系我们的子女。我们已经知悉并同意其参加（学校组织、自主联系）的到_____单位参加毕业实习（生产实习）。我们已通过孩子和相关资料了解了此次实习的情况，并充分理解此次活动可能存在的各种风险。在实习过程中，我们将密切与学校联系，并为子女提供包括经济支持在内的各种条件以协助本次实习的顺利完成。

家长签名：

联系电话：

与学生本人关系：

年　月　日

学生实习承诺书

为了提高专业技能和就业竞争力，本人申请离校到企事单位进行毕业实习，并郑重承诺如下：

1. 本人将严格履行学校离校审批程序，经学校相关部门审核批准后才离校。

2. 按规定时间到实习单位实习，如需调换实习单位，将事先报告校内外指导教师，办理审批手续后才到新的实习单位，决不先离岗后报告。

3. 到岗一周内及时寄回实习回执、协议和承诺书，保证每周至少与班主任、学校实习指导教师和家长联系一次。

4. 自觉遵守国家法律法规，遵守实习单位和学校的规章制度，有事将事先向班主任和企业指导教师双方请假，不擅自离岗，不做损人利己、有损实习单位形象和学校声誉的事情，不参与一切违法犯罪活动。

5. 提高安全防范意识，严格按实习单位规定操作，注意防火、防电、防水等，不去自然水域游泳或洗澡，遵守交通法规，不无证驾驶，不乘用不合规定的车辆，不做其他任何影响安全的事情。

6. 严格按照《实习管理细则》要求，认真填写实习日志、周报和实习报告，完成好各项实习任务。

7. 认真学习相关实习管理规定和安全注意事项，并严格遵照执行。

本人将严格履行以上承诺，如有违反，愿意承担相应的责任，并按学校相关规定处理。

承诺人：

家　长：

年　月　日

自主实习申请书

本人是 _____ 专业 _____ 班 学 生 _____，现 已 与 _____（单位名称）初步达成实习意向，故申请到该单位进行实习，请予以批准。

实习单位地址：_____

单位联系电话：_____

本人联系电话：_____

实习期间本人将严格按照以下要求进行实习：

1. 严格按照学校规定的实习要求完成实习任务。

2. 实习期间，经常保持与实习指导教师和班主任联系，定期汇报实习情况。若需要变动实习单位，严格按照实习手册的规定办理。

3. 按时到实习单位报到，实习结束按时归校，逾期不返，接受学校有关规定处理。

4. 实习期间，自觉遵守实习单位的有关规章制度，并自觉遵守学校制定的实习管理条例，注意实习安全和人身安全，并对自己在实习期间的行为和安全负责。

如违反有关规定，一切后果责任自负。

学生签字：   家长签字：

  年 月 日   年 月 日

班主任意见：   系部意见：

班主任：   （盖章）

  年 月 日   年 月 日

附录6 学生实习回执表

_____学校学生实习回执表

姓 名		班 级		学 号		专 业	
实习单位						本人实习期间电话	
项目名称							
实习地址						邮政编码	
项目负责人	（签字）					联系电话	
企业实习指导教师	（签字）					联系电话	
工程概况	实习单位签章： 年 月 日						

注：学生实习开始一周内，由学生填写好后，将本表及时寄回学校各专业教学部（系）。

附录7 实习单位变更申请表

_____学校实习单位变更申请表

姓名		班级		学号		专业	
原实习单位							
在原实习单位 实习时间		年　月　日　至　　年　月　日					
实习单位 变更原因							
原实习单位意见： 负责人签名（盖章）： 年　月　日							
家长意见： 负责人签名（盖章）： 年　月　日							
现实习单位意见： 负责人签名（盖章）： 年　月　日							
教学部（系）意见： 负责人签名（盖章）： 年　月　日							
备　注							

附录8　实习单位变更回执表

_____学校实习单位变更回执表

姓　名		班　级		学　号		专　业	
变更后实习 单　位						本人实习 期间电话	
项目名称							
实习地址						邮政 编码	
项　目 负责人	（签字）					联系 电话	
企业实习 指导教师	（签字）					联系 电话	
工 程 概 况	实习单位签章： 　　年　月　日						

　　注：学生实习单位变更后一周内，由学生填写好后，将本表及时寄回学校各专业教学部（系）。